LA SEXUALITÉ

DANS LES

NAISSANCES FRANÇAISES

OUVRAGES DE M. RENÉ WORMS

De la Volonté unilatérale considérée comme source d'obligations.
Paris, Giard et Brière, un vol. in 8° de 204 pages, 1891. -- Épuisé.

Précis de Philosophie, d'après les Leçons de philosophie de M. E.
Rabier. Paris, Hachette, un vol. in-16 de 410 pages, 1891.
4e édition, 1911.

Eléments de Philosophie scientifique et de Philosophie morale.
Paris, Hachette, un vol. in-16 de 120 pages, 1891.

La Morale de Spinoza. Mémoire couronné par l'Institut. Paris,
Hachette, un vol. in-16 de 334 pages, 1892. — Épuisé.

« De Natura et Methodo Sociologiæ ». Paris, Giard et Brière, un
vol. in-8° de 104 pages, 1896.

Organisme et Société. Paris, Giard et Brière, un vol. in-8° de
410 pages, 1896. — Traduit en russe.

La Science et l'Art en Economie politique. Paris, Giard et Brière,
un vol. in-18 de 132 pages, 1898.

Philosophie des Sciences sociales. Paris, Giard et Brière, trois vol.
in-8° :

    Tome I : Objet des Sciences sociales, 230 pages, 1903 ;
    Tome II : Méthode des Sciences sociales, 254 pages, 1904 ;
    Tome III : Conclusions des Sciences sociales, 310 pages, 1907.
Seconde édition des 3 volumes, en préparation.

Etudes d'Economie et de Législation rurales. Paris, Giard et Brière,
un vol. in-18 de 310 pages, 1906.

Les Principes biologiques de l'Evolution sociale. Paris, Giard et
Brière, un vol. in-18 de 122 pages, 1910.

COLLECTIONS DIRIGÉES PAR M. RENÉ WORMS

Revue Internationale de Sociologie : 20 volumes grand in-8°.
Annales de l'Institut International de Sociologie : 13 volumes in-8°.
Bibliothèque Sociologique Internationale : 49 volumes in-8° et
6 volumes in-18.

BIBLIOTHÈQUE SOCIOLOGIQUE INTERNATIONALE
Publiée sous la direction de M. RENÉ WORMS
Secrétaire-Général de l'Institut International de Sociologie

XLIX

LA SEXUALITÉ

DANS LES

NAISSANCES FRANÇAISES

PAR

RENÉ WORMS

DOCTEUR EN DROIT, DOCTEUR ÈS LETTRES
DOCTEUR ÈS SCIENCES NATURELLES
AGRÉGÉ DE PHILOSOPHIE, AGRÉGÉ DES SCIENCES ÉCONOMIQUES
MEMBRE DU CONSEIL SUPÉRIEUR DE STATISTIQUE
DIRECTEUR DE LA REVUE INTERNATIONALE DE SOCIOLOGIE

PARIS (5e)

M. GIARD & É. BRIÈRE

LIBRAIRES-ÉDITEURS
16, RUE SOUFFLOT ET 12, RUE TOULLIER

1912

BIBLIOTHÈQUE SOCIOLOGIQUE INTERNATIONALE

PUBLIÉE SOUS LA DIRECTION DE M. RENÉ WORMS
Secrétaire-Général de l'Institut International de Sociologie

SÉRIE in-8°, brochés (1)

RENÉ WORMS : *Organisme et Société* . . . . 6 fr.
PAUL DE LILIENFELD : *La Pathologie Sociale* . . . . 6 fr.
FRANCESCO S. NITTI : *La Population et le Système social* . . . . 5 fr.
ADOLFO POSADA : *Origines de la Famille, de la Société et de l'État* . . . . 4 fr.
SIGISMOND BALICKI : *L'État comme organisation de la Société* . 4 fr.
JACQUES NOVICOW : *Conscience et Volonté Sociales* . . . . . . 6 fr.
FRANKLIN H. GIDDINGS : *Principes de Sociologie* . . . . 6 fr.
ACHILLE LORIA : *Problèmes Sociaux Contemporains* . . . . 4 fr.
MAURICE VIGNES : *La Science Sociale d'après Le Play*, 2 vol.. 16 fr.
M. A. VACCARO : *Les Bases sociologiques du Droit et de l'État* . 8 fr.
LOUIS GUMPLOWICZ : *Sociologie et Politique* . . . . 6 fr.
SCIPIO SIGHELE : *Psychologie des Sectes* . . . . 5 fr.
G. TARDE : *Études de Psychologie Sociale* . . . . 7 fr.
MAXIME KOVALEWSKY : *Le régime économique de la Russie* . . 7 fr.
C. N. STARCKE : *La Famille dans les diverses sociétés* . . . . . 5 fr.
R. DE LA GRASSERIE : *Des Religions comparées au point de vue sociologique* . . . . 7 fr.
MARK BALDWIN : *Interprétation sociale et morale des principes du développement mental* . . . . 10 fr.
G. L. DUPRAT : *Science Sociale et Démocratie* . . . . 6 fr.
H. LAPLAIGNE : *La Morale d'un Égoïste ; essai de morale sociale* . 5 fr.
JACQUES LOURBET : *Le Problème des Sexes*. . . . . 5 fr.
E. BOMBARD : *La Marche de l'Humanité et les Grands Hommes* 6 fr.
R. DE LA GRASSERIE : *Les Principes Sociologiques de la Criminologie* . . . . 8 fr.
ABEL POUZOL : *La Recherche de la Paternité* . . . . 10 fr.
ARTHUR BAUER : *Les Classes Sociales*. . . . . 7 fr.
CH. LETOURNEAU : *La Condition de la Femme dans les diverses races et civilisations* . . . . 9 fr.
RENÉ WORMS : *Philosophie des sciences sociales : I, objet ; II, méthode ; III, conclusions des sciences sociales*, 3 volumes. . . . 12 fr.
EUGENIO RIGNANO : *Un Socialisme en harmonie avec la doctrine économique libérale* . . . . 7 fr.
ALFREDO NICEFORO : *Les Classes Pauvres* . . . . 8 fr.
LESTER F. WARD : *Sociologie pure*, 2 volumes. . . . . 16 fr.
R. DE LA GRASSERIE : *Les Principes sociologiques du Droit civil* 10 fr.
EDWARD CAIRD : *Philosophie sociale et religion d'Auguste Comte*. 4 fr.
ARTHUR BAUER : *Essai sur les Révolutions* . . . . 6 fr.
SCIPIO SIGHELE : *Littérature et Criminalité* . . . . 4 fr.
PAUL LACOMBE : *Taine, historien et sociologue* . . . . 5 fr.
MAXIME KOVALEWSKY : *La France économique et sociale à la veille de la Révolution*, 2 volumes . . . . 15 fr.
LUDWIG STEIN : *Le Sens de l'Existence* . . . . 12 fr.
R. MAUNIER : *L'Origine et la Fonction des Villes*. . . . . 6 fr.
A. BOCHARD : *L'Évolution de la Fortune de l'État* . . . . 6 fr.
SCIPIO SIGHELE : *Le Crime à deux*. . . . . 4 fr.
M. H. CORNEJO : *Sociologie générale*, 2 volumes . . . . 20 fr.
R. DE LA GRASSERIE : *Les Principes sociologiques du Droit public* 8 fr.
AUGUSTE COMTE : *Système de Politique positive*, condensé . . . 12 fr.
RENÉ WORMS : *La Sexualité dans les Naissances françaises* . . 5 fr.

SÉRIE in-18, brochés

RENÉ WORMS : *Les Principes biologiques de l'Évolution sociale* . 2 fr.
MARK BALDWIN : *Psychologie et Sociologie. (L'Individu et la Société)* . . . . 2 fr.
W. OSTWALD : *Les Fondements énergétiques de la Science de la civilisation* . . . . 2 fr.
R. MAUNIER : *L'Économie politique et la Sociologie* 2 50
J. NOVICOW : *Mécanisme et limites de l'Association humaine* . . 2 fr.
L. ARRÉAT : *Génie individuel et Contrainte sociale* . . . . 2 fr.

(1) *Les volumes de cette série peuvent aussi être achetés avec une reliure spéciale.*

BIBLIOTHÈQUE SOCIOLOGIQUE INTERNATIONALE
Publiée sous la direction de M. RENÉ WORMS
Secrétaire-Général de l'Institut International de Sociologie

XLIX

LA SEXUALITÉ

DANS LES

NAISSANCES FRANÇAISES

PAR

RENÉ WORMS

DOCTEUR EN DROIT, DOCTEUR ÈS LETTRES
DOCTEUR ÈS SCIENCES NATURELLES
AGRÉGÉ DE PHILOSOPHIE, AGRÉGÉ DES SCIENCES ÉCONOMIQUES
MEMBRE DU CONSEIL SUPÉRIEUR DE STATISTIQUE
DIRECTEUR DE LA REVUE INTERNATIONALE DE SOCIOLOGIE

PARIS (5e)

M. GIARD & É. BRIÈRE

LIBRAIRES-ÉDITEURS
16, RUE SOUFFLOT ET 12, RUE TOULLIER

1912

PREMIÈRE PARTIE

Le problème et les données.

—

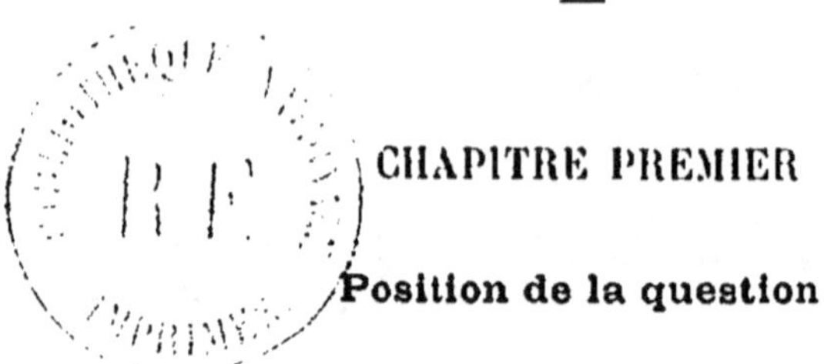

CHAPITRE PREMIER

Position de la question.

Sommaire. — I. *Le déterminisme du sexe chez les animaux.* — II. *Le rapport numérique des sexes dans les
naissances humaines, particulièrement en France.*

I

Depuis des siècles, le problème de la détermination
des sexes passionne l'humanité. Pourquoi tel enfant
est-il né avec le sexe masculin, tel autre avec le sexe
féminin? Un enfant attendu naîtra-t-il garçon ou fille?
Peut-on agir sur le sexe de l'enfant conçu? Telles sont
les principales formes que le problème revêt suivant les
cas. Il va sans dire que le plus souvent la solution est
donnée d'une façon tout à fait arbitraire et fantaisiste.
Même les hommes d'étude n'en savent guère plus long,
sur ces points, que le vulgaire. Pourtant les théories ne
leur manquent point. Il s'en est même élaboré, parmi
eux, d'innombrables. Suivant une loi générale de l'esprit
humain, elles ont visé à la pratique avant de reposer sur
la science. On a proposé des recettes pour produire à vo-

lonté des garçons ou des filles, avant de chercher patiemment dans quelles conditions naturelles les deux sexes se produisent. Mais depuis un certain temps on s'oriente résolument dans cette dernière voie. On réunit des documents sur les naissances humaines dans les divers pays. On en demande d'autres à l'étude comparative des diverses espèces animales et même végétales.

L'expérimentation a même été appliquée à ce problème. En agissant sur le milieu, en modifiant les conditions de nutrition, soit de l'embryon, soit plutôt de ses auteurs, on est arrivé à des résultats déjà appréciables. Sans que ceux-ci puissent être déclarés d'emblée applicables à l'espèce humaine, ils n'en ont pas moins, en ce qui concerne celle-ci, une valeur à titre de suggestion.

Le point le plus discuté est généralement celui de savoir à quel moment se détermine le sexe. Ne se fixe-t-il qu'à une date postérieure à la conception ? Est-il au contraire arrêté antérieurement à celle-ci ? L'est-il à l'instant même où elle s'opère ? Les trois idées ont été soutenues. Nous trouvons donc sur ce point trois théories principales, entre lesquelles les auteurs se partagent : la théorie épigamique ou métagamique, la théorie progamique, la théorie syngamique ou paragamique. Et chacune d'entre elles comporte des variantes, suivant que l'auteur attribue l'influence prépondérante, dans la détermination du sexe, à tel ou tel facteur particulier.

Suivant la théorie épigamique, le sexe ne serait pas déterminé, au moins définitivement, dès la fécondation. Il s'écoulerait donc après celle-ci un certain temps, plus ou moins long suivant les espèces, pendant lequel on pourrait agir sur lui. Cette théorie a pour elle le désir de beaucoup d'humains, qui souhaitent influer sur le sexe de leur rejeton. C'est donc sur elle que se fondent de très nombreuses recettes empiriques, qu'en tous les temps et tous les pays on a proposées dans ce but, à l'usage des femmes enceintes. Mais aucune n'a fait sérieusement ses preuves. Cette faveur populaire semble avoir impressionné même les naturalistes, et c'est pourquoi cette théorie s'est vue d'abord assez facilement accueillie par eux, quand la question a commencé à se poser scientifiquement. Les premières expériences faites ayant paru montrer des faits en accord avec elle, on les a admis sans grande critique. A la vérité, il y a un élément qui complique ici la question. Chez l'embryon humain, le rudiment de l'organe sexuel n'apparaît que dans le second mois. Mais, si le sexe apparent n'est déterminable qu'alors, il se peut que le sexe réel soit déterminé bien auparavant. Une remarque analogue s'imposerait pour beaucoup d'autres espèces vivantes, où même après la naissance le sexe ne saurait être immédiatement constaté avec précision. Des difficultés d'observation ont ainsi contribué à faire admettre aux zoologistes que l'époque de la détermination du sexe est assez tardive.

Les principaux faits qu'on invoquait en faveur de la théorie épigamique sont les suivants : 1° Les uns portent sur des lépidoptères. Divers auteurs avaient cru observer que, en nourrissant médiocrement des chenilles, on détermine l'apparition du sexe masculin, tandis que, si elles sont bien nourries, elles évoluent vers le type femelle. C'est ce que Landois (1867), Mary Treat (1873), Gentry (1873), avaient constaté sur des vanesses (*vanessa urtica*). Seulement leurs observations ne portaient que sur un nombre d'individus extrêmement restreint. D'autres expérimentateurs, Bessels (1868), Briggs (1871), Riley

(1873), Andrews (1873), Fletscher (1874), ayant repris la question, ont obtenu au contraire presque autant de mâles que de femelles, quelle que fût la nourriture ; et le même résultat a été trouvé par Standfuss en 1896. En opérant sur des diptères, Cuénot est également arrivé à une conclusion négative : il a pris diverses muscides et a fait varier leur nutrition pendant la vie larvaire ; il a toujours trouvé les deux sexes en nombres sensiblement égaux (1). Nous verrons bientôt que la nutrition des auteurs ne paraît pas sans action sur le sexe de leur rejeton. Mais celle du rejeton lui-même, une fois qu'il en est venu à la vie indépendante, semble, d'après ce qui précède, au moins chez les insectes, dénuée d'influence à cet égard.

2° D'autres faits relevés dans le même sens portent sur des batraciens. Born (1881), Yung (1881-1885), Balbiani et Henneguy (1888) ont trouvé que les têtards de grenouilles nourris avec des aliments végétaux ordinaires évoluent à peu près pour moitié vers le type mâle et pour moitié vers le type femelle, mais que la proportion des mâles s'accroît quand on soumet ces têtards à l'inanition, et qu'au contraire la proportion des femelles grandit quand on leur donne une nourriture végétale riche ou une nourriture animale. Ces observations menaient à la même conclusion que celle à laquelle avaient abouti les premières études sur les lépidoptères : à savoir, qu'une nutrition favorable de l'organisme naissant l'incline vers le sexe féminin. Seulement il a fallu re-

---

(1) Sur ces questions, comme sur toutes celles qui vont être abordées, on consultera utilement les travaux de Geddes et Thomson, Loisel, Cuénot, Bugnion, Caullery, cités dans notre bibliographie.

noncer à s'en prévaloir. Le sexe sur les grenouilles est
très difficile à préciser au début de la vie, et les résultats fondés sur sa simple constatation à la loupe ont
paru peu sûrs. Cuénot, qui a repris les expériences
(1901), a trouvé qu'il y a des représentants des deux
sexes, en quantités presque égales, dans tous les lots,
soit bien, soit mal nourris, et parfois beaucoup plus de
femelles chez les mal nourris. H. D. King, qui a nourri
de façons très diverses près de deux mille têtards de crapaud commun d'Amérique (*bufo lentiginosus*), a trouvé
de même que l'alimentation n'influe en rien sur leur
sexe (1).

3° D'autre part, des investigateurs ont signalé, dans le
règne végétal, des faits qui sont à rapprocher des précédents. Prantl (1881), cultivant un prothalle hermaphro-
dite de fougère sur un sol pauvre, constata que les ar-
chégones ne se développaient pas. Strassburger vit le
même fait se reproduire. Leurs observations étaient
donc de nature à renforcer l'idée que de mauvaises conditions nutritives empêchent l'évolution vers le type
féminin. Mais des résultats directement opposés dé-
coulent des recherches ultérieures de Molliard sur une
tout autre espèce. Ce botaniste a opéré sur le chanvre
(1898) et voici ce qu'il a vu. Dans la nature, les deux
sexes sont à peu près également représentés chez cette
plante. Or, dans une serre fort mal éclairée, il est né à
peu près trois fois autant de femelles que de mâles ;
de plus, les anthères ont montré une tendance à se
transformer en carpelles ; enfin, la plupart des plants
ont été grêles et rabougris (2). Ainsi, de mauvaises

(1) Voir *Année biologique*, tome XII, page 152.
(2) *Revue générale de botanique*, 1898.

conditions nutritives — caractérisées par le défaut de lumière — ont favorisé ici l'apparition du sexe féminin, en même temps que réduit la vitalité générale. Il est vrai que Strassburger a fait une critique de ces expériences (1900), mais Molliard y a répondu (1901). On trouve donc, en notre matière, des indications tout à fait contraires chez deux espèces végétales (1).

D'une autre manière encore, les végétaux fournissent en notre matière des données discordantes. Cette fois, il ne s'agit plus du sens dans lequel évolue le type sexuel, mais bien de la possibilité même d'une semblable évolution. D'un côté, Bordage a observé à la Réunion que, sur un tronc mâle de papayer (*carica papaya*), décapité par le vent, ont poussé deux bourgeons femelles avec fleurs et fruits ; et il a pu répéter expérimentalement cet effet de traumatisme (2). Voilà donc un fait de changement de sexe au cours du développement de l'individu. Blaringhem, de même, en opérant sur le maïs, a modifié le sexe par traumatisme expérimental. Mais, d'un autre côté, Élie et Émile Marchal, sur des mousses dioïques (*barbula unguiculata, bryum argenteum, ceratodum purpureum*), ont constaté que les produits d'une même spore sont tous du même sexe, quelles que soient les conditions extérieures : humidité, température, pression, alimentation. Ce dernier fait donne à penser que le sexe des produits est déterminé déjà dans leur auteur. Il va directement à l'encontre de la théorie épigamique.

En un mot donc, cette dernière théorie ne peut in-

____

(1) On en trouve aussi pour l'influence de divers engrais sur le sexe d'une même plante. Voir E. Laurent, travail analysé dans l'*Année biologique*, tome VIII, page 134.

(2) Société de Biologie, 1898.

voquer, tant chez les végétaux que chez les animaux, que des faits isolés, souvent contestés, et auxquels d'autres s'opposent en tous cas constamment. Elle paraît, de nos jours, en recul sensible.

Les deux théories progamique et syngamique s'opposent toutes deux à la théorie épigamique sur le point essentiel qu'elles admettent en commun : c'est que le sexe ne peut plus être modifié après la conception et qu'il est définitivement fixé au plus tard à ce moment. Il y a certains faits qu'elles relèvent l'une et l'autre à l'appui de cette idée. Tel est le cas, d'abord, pour les faits de polyembryonie. Il a été établi par les recherches de Bugnion (1891) et de Paul Marchal (1898) que chez des hyménoptères parasites (*encyrtus fuscicolis, polygnotus minutus*) de longues chaînes d'embryons se forment par la division d'un œuf unique, et que tous ces embryons sont de même sexe : Bugnion en a conclu que « la détermination du sexe au sein de l'ovule fécondé est définitivement effectuée avant la première segmentation de son noyau ». De même, chez un mammifère américain, le tatou (*tatusia hybrida, tatusia novemcincta*), Cuénot (1903), Fernandez (1909), Newman et Paterson (1911) ont montré qu'il se développe plusieurs embryons d'un même sexe dans l'intérieur d'un même chorion. C'est aussi sur ce principe que repose, chez l'homme, la distinction des enfants jumeaux en vrais et faux jumeaux. Les jumeaux vrais ont mêmes annexes fœtales, ce qui les fait nommer monochoriaux ; ils sont toujours de même sexe. Les faux ont chacun un placenta, un amnios et un chorion distinct ; ils sont parfois de même sexe, parfois de sexe différent. On suppose que les vrais proviennent de la division d'un seul œuf et qu'aux seconds correspondent des œufs distincts ; mais ce point, naturellement, ne peut être vérifié dans l'espèce humaine.

Dans un autre ordre d'idées, les théories progamique et syngamique se réclament aussi du cas des abeilles. Chez celles-ci, on distingue la reine, femelle féconde, les ouvrières, femelles et stériles, et les faux-bourdons, mâles. Ces trois sortes d'individus se développent dans des cellules différentes : les reines, dans des alvéoles irrégulières ; les ouvrières et les faux-bourdons, dans des alvéoles hexagonales, plus grandes pour les faux-bourdons. La reine, fécondée pendant le vol nuptial, porte sur elle une provision de sperme, dans le réceptacle séminal. Dès 1848, un ecclésiastique saxon, Dzierzon, a formulé le principe d'une ingénieuse théorie à laquelle des recherches ultérieures ont permis de donner la forme suivante. Les œufs non fécondés produisent exclusivement des mâles ; les œufs fécondés, exclusivement des femelles. La reine, passant devant les alvéoles de la ruche, inspecte chacune d'elles en y faisant entrer sa tête. S'arrêtant devant les alvéoles régulières et grandes, elle contracte son réceptacle séminal : les œufs qu'elle y dépose ne sont donc pas fécondés ; ils se développent par voie parthénogénétique. Et, comme ils évoluent vers le type mâle, il en résulte que celui-ci est le produit exclusif du sexe féminin. Au contraire, les œufs fécondés donnent une reine ou des ouvrières, vraisemblablement d'après la quantité et la qualité de la nourriture qu'elles reçoivent. Une série de faits était relatée par Dzierzon à l'appui de sa théorie. Il ne se forme que des mâles dans les ruches où la reine a été mal fécondée, et dans celles où elle est âgée. Parfois, quand la reine est supprimée, les ouvrières pondent ; elles ne pondent que des mâles ; or, elles ne s'accouplent pas et n'ont pas de réceptacle séminal; leurs produits ne peuvent donc être que parthénogénétiques. Les abeilles allemandes ont l'abdomen brun; les abeilles italiennes l'ont jaune; en croisant une reine allemande et un mâle italien, Dzierzon obtenait des produits femelles à couleur mixte, des produits mâles à couleur maternelle; cela s'expliquait dans son système, les femelles provenant d'œufs fécondés, les mâles d'œufs non fécondés. Les résultats ainsi trouvés par lui se sont vus confirmés par von Siebold (1855), par Leuckart (1858), par von Berlepsch, par Cheshire (1885). Ils ont été contestés par Pérez (1878), dont les expériences, reproduites depuis par Cuénot, ont montré que l'accouplement des deux races donne quelques mâles hybrides, le plus grand nombre ayant les caractères maternels seuls. Ils ont été niés résolument par un apiculteur de Darmstadt, Dickel (1898), suivant lequel tous les œufs seraient fécondés et le sexe du produit serait déterminé par la nourriture et les soins donnés aux jeunes par les ouvrières. Cette contradiction a provoqué d'amples débats, d'où la théorie de Dzierzon est sortie victorieuse. Petrunkevitch, par de minutieuses recherches (1901), a établi l'existence de spermatozoïdes dans presque tous les œufs pondus en des alvéoles de femelles, tandis qu'il n'en a jamais trouvé dans les œufs pondus en des alvéoles de mâles. Il paraît donc bien prouvé que le sexe de l'abeille est déterminé au plus tard lors de la fécondation.

Des faits qui précèdent, les partisans de la théorie progamique rapprochent volontiers les suivants. Chez nombre d'espèces animales il y a deux catégories d'œufs : elles ont des aspects différents, même du dehors; il y a un dimorphisme, qui semble lié à la sexualité, chaque catégorie correspondant à un sexe. Ce fait avait été affirmé, chez des vers à soie, par A. Brocadello (1896), il y a été contesté depuis lors. Il a, de même, été indiqué chez le phylloxéra. Chez un rotifère, *hydatina senta*, on a distingué deux espèces de femelles : les unes, dites virginipares, donnent par parthénogénèse des œufs d'été d'où sortent des femelles qui sont elles-mêmes parthénogénétiques ; les autres, dites sexupares, pondent des œufs d'hiver, durables, donnant des femelles s'ils sont fécondés, des mâles s'ils ne le sont pas. La proportion des œufs mâles et des œufs femelles pourrait être modifiée, d'après des naturalistes autorisés, par une action exercée sur la mère ou peut-être sur la grand'-mère. Maupas (1890-91) admettait surtout à cet égard l'action de la température ; Nussbaum (1897) a admis surtout l'action de la nutrition. L'échauffement, suivant le premier, la disette, suivant le second, augmenterait le nombre relatif des mâles. Mais d'autres biologistes, Punnett (1906), Withuey (1907), ont nié toute action de ces facteurs extérieurs et attribué à des causes purement internes la différence des produits.

Des constatations assez analogues ont été faites sur une archi-annélide marine, *dinophilus apatris*, notamment par Korschelt (1887), von Malsen, Shearer (1911). D'autres l'ont été sur des crustacés entomostracés de l'ordre des cladocères, les daphnies, étudiées en particulier par Kurz (1874) et de Kerhervé (1804) : la bonne alimentation a donné des produits femelles, la mauvaise des produits mâles. Mais ce résultat ne s'est pas retrouvé chez un animal très voisin des daphnies, *apus*. On l'a parfois interprété en disant que la mauvaise nutrition amenait moins la production de mâles, que le passage de la parthénogénèse à la génération sexuelle. C'est aussi en ce dernier sens qu'on a fréquemment interprété les résultats obtenus sur les aphidiens ou pucerons.

Les phénomènes que nous venons de rapporter ont prêté à discussion. En voici d'autres qui n'ont point été contestés, du moins à notre connaissance.

Le premier a été rapporté par Paul Marchal en 1897 (1). Du blé est semé dans une caisse, d'une façon très dense. Ses tiges poussent donc serrées et grêles. Des cécidomyies, insectes diptères qui vivent sur cette céréale, y font leur ponte. On trouve dans celle-ci les nombres respectifs de mâles et de femelles usuels dans cette espèce. Mais les rejetons de ceux-ci forment une seconde génération, où il y a surabondance de mâles. Ici donc, de mauvaises conditions nutritives ont favorisé l'apparition du sexe masculin, mais à distance.

Le second a été observé par Arnold Pictet en 1905. Celui-ci a opéré sur un lépidoptère, *ocneria dispar*. Voici un résumé de ses expériences, dû à Bugnion (2). « 1re expérience. Une ponte de chenilles est élevée avec du noyer (mauvaise nourriture); elle donne un certain nombre d'adultes dans la proportion de 84 mâles 0/0 et de 46 femelles 0/0. — 2e expérience. Un couple de ces insectes concourt à la production d'une ponte dont les chenilles sont encore élevées avec du noyer; résultat: 65 mâles 0/0, 35 femelles 0/0. Un couple de cette deuxième génération concourt à la production d'une ponte dont les chenilles ne reçoivent que du noyer; les chenilles meurent avant le nymphose. On voit qu'une mauvaise nourriture imposée pendant deux générations consécutives fait augmenter le nombre des mâles. — 3e expérience. Un mâle adulte de la lignée II, nourri ainsi que ses parents avec du noyer, est accouplé avec une femelle normale à l'état de nature,

(1) *Année biologique*, tome IV, page 261.
(2) Page 268 du travail cité dans notre bibliographie.

s'étant comme ses ascendants nourrie de chêne. Les œufs donnent naissance à des chenilles que l'on nourrit avec du noyer; résultat: 61 mâles 0/0, 39 femelles 0/0. Il y a, comme on voit, moins de mâles et plus de femelles que dans l'exemple II, ce qui s'explique par l'influence de la mère bien nourrie ».

3° Sur des vertébrés aussi, des études ont été faites. Russo a vu (1908) dans l'ovaire des lapines deux types d'ovules ; les uns ont plus de lécithine, les autres ont dans leur protoplasma des cristaux d'acides gras résultant de la lécithine disparue. L'auteur dit que les premiers évoluent vers le type féminin, les seconds vers le type masculin. Il en conclut que, en fournissant de la lécithine à la mère, on peut augmenter parmi ses rejetons le nombre relatif des femelles. Et, en effet, les expériences qu'il a faites pour vérifier cette idée ont produit, dans une certaine mesure, le résultat qu'il prévoyait (1).

4° Enfin, sur des poules, F. Houssay a expérimenté (1907) en leur donnant une nourriture carnée. Parmi les diverses modifications qu'il a ainsi produites, il en est qui portent sur la progéniture. Les poules carnivores, intoxiquées par leur alimentation, ont procréé beaucoup plus de mâles que de femelles ; et cela a été surtout sensible à mesure que l'on avançait dans la lignée des générations soumises à ce régime spécial. On en peut juger par le tableau de la page suivante.

De plus, les mâles ainsi produits sont bien plus faibles qu'à l'ordinaire. Ils ont notamment perdu la combativité caractéristique de leur espèce. Les morts précoces

(1) *Bibliographia evolutionis*, dans *Bulletin scientifique de la France et de la Belgique*, tome XLIV, 1910, page 47.

Générations	Mâles	Femelles	Sexe inconnu
2e	5	4	0
3e	4	4	3
4e	5	1	0
5e	6	2	0
6e	4	0	0

sont beaucoup plus nombreuses chez eux que chez les femelles : sur 20 morts précoces, 18 ont frappé des mâles, 2 seulement des femelles (1).

En somme, toutes ces constatations s'accordent sur un point fondamental. C'est que le sexe du produit dépend, dans une certaine mesure, de la nutrition de ses auteurs, en particulier de sa mère, et parfois même de ses grands-parents. Une bonne nutrition incline le produit vers le sexe féminin. Cette dernière partie de la conclusion s'accorde même avec celle que nous avions trouvée dans la théorie épigamique ; c'est, bien entendu, sous la réserve d'une différence fondamentale : dans cette dernière théorie, c'est sur le produit même qu'on entendait agir directement, tandis que dans les théories progamique et syngamique c'est sur ses auteurs qu'on juge l'action efficace ; mais, dans l'un ou l'autre cas, l'évolution vers le type féminin paraît liée à des conditions de nutrition favorables.

Maintenant, comment les partisans de la théorie progamique expliquent-ils le déterminisme du sexe? Généralement, ils le rattachent à la composition chimique de l'ovule. Beard (1902) et von Lenhossek (1903) ont émis des

(1) Ouvrage cité dans notre bibliographie, notamment chapitre VIII, pages 250 s.

vues à ce sujet. Le premier de ces auteurs estime qu'il y a des ovules mâles et des ovules femelles, des spermatozoïdes mâles et des spermatozoïdes femelles ; une des catégories de spermatozoïdes avorte, l'autre seule aboutit ; c'est l'ovule qui donne son sexe au produit. Le second admet aussi que l'ovule est sexué et exerce l'action directrice sur la sexualité de l'embryon. Ces vues sont jusqu'ici demeurées tout hypothétiques. Elles ont quelque chose d'assez peu vraisemblable *a priori*. Car il semble singulier que le père soit sans action sur le sexe de son enfant. La majorité des auteurs n'est pas portée à admettre que ce sexe soit déterminé antérieurement à la conception.

Telle est précisément la raison pour laquelle la théorie syngamique obtient un succès croissant. Nous avons déjà dit que, suivant elle, le sexe se détermine au moment même de la fécondation. Cette formule peut, du reste, s'entendre en deux sens. Suivant les uns, la détermination résulte uniquement de l'état des deux éléments sexuels qui s'unissent. Suivant les autres, les circonstances extérieures y pourraient aussi jouer un rôle. Parmi les premiers, on connaît surtout Thury. Ce botaniste genevois avait émis, en 1863, une doctrine qui fit sensation. D'après lui, l'ovule peu mûr donne une femelle ; l'ovule plus mûr, un mâle. Aussi, chez les animaux domestiques, les ovules fécondés au début d'une période de rut produiraient-ils des femelles ; fécondés à la fin de cette période, des mâles. Nombre d'éleveurs français et suisses tentèrent l'expérience. Elle réussit d'abord, ce qui valut à la théorie une grande vogue. Mais bientôt on trouva des faits contraires ; la désillusion vint, et la théorie se vit abandonnée. Elle a été reprise depuis lors. En 1881, Pflüger a fait des expériences sur des grenouilles ; l'idée de Thury lui a paru exacte ; mais le nombre des cas observés n'était pas très considérable. Richard Hertwig est entré à son tour dans cette voie en 1905. Il a accouplé des grenouilles appartenant à des espèces où les époques de maturité pour les éléments sexuels sont différentes. Il a trouvé que : si l'ovule est trop peu mûr, il y a excès de mâles parmi les produits ; si l'ovule est trop mûr, il y a également excès de mâles ; si l'ovule est mûr à point, la proportion de femelles est maxima. Ces expériences n'ont pas porté sur autant de sujets qu'il l'aurait fallu pour que leurs résultats puissent être considérés comme définitifs. Et le peu de netteté que présente le sexe de la grenouille au début de sa vie contribue à leur ôter de leur force probante. — D'autres biologistes ont émis l'idée que le sexe du produit est déterminé par celui de ses deux auteurs dont l'élément reproducteur a le plus de force lors de la conception. Cette idée est assez voisine de celle de Thury : car, pour celui-ci, si l'ovule jeune donne une femelle, c'est qu'il est plus fort que le spermatozoïde. Nous verrons plus tard comment cette idée a été appliquée à l'espèce humaine. Bugnion (1910) estime que l'auteur le plus vigoureux donne à son rejeton, non pas son propre sexe, mais le sexe opposé.— Enfin, nous mentionnerons les recherches récentes d'une Américaine, Ellen King, qui a expérimenté sur le crapaud. Elles se rattachent à la seconde façon d'entendre la théorie syngamique que nous mentionnions tout à l'heure. Car elles cherchent la cause au moins partielle du sexe dans les circonstances extérieures concomitantes à la fécondation. Elles ont montré que la dessic-cation donne un excès de femelles, et qu'il en est de même pour l'action d'un milieu sucré. Au contraire, la surhydratation amènerait un excès de mâles.

En ces derniers temps diverses études biologiques ont tenté de renouveler certains aspects de la question de la sexualité. Tel fut le cas, notamment, des études dites mendéliennes. On a parfois pensé que le sexe se transmettait suivant la loi de Mendel ; en ce cas, tout être issu d'un rapprochement sexuel devrait être considéré comme une sorte d'hybride ; les caractères mâle et femelle se dissocieraient dans la postérité d'un couple, et s'y retrouveraient dans les proportions qu'indique cette célèbre loi, avec dominance de l'un ou de l'autre suivant les cas. Cette idée fut entrevue jadis par Mendel lui-même. Elle a été formulée par Castle (1903) ; reprise par le botaniste allemand Correns (1907) qui l'a appliquée dans ses recherches sur les bryones ; présentée ensuite avec une autre interprétation par Bateson ; suivie par Doncaster et Raynor dans leurs expériences sur le croisement de deux variétés d'un papillon, *abraxas grossulariata*, etc... Il ne semble pas que jusqu'ici on soit arrivé sur ces points à des conclusions très nettes. Les séries examinées manquent de l'étendue nécessaire. En tous cas, de pareilles considérations ne nous paraissent point pouvoir être aisément introduites, au moins quant à présent, dans le domaine de l'anthropologie. L'homme, en effet, a une postérité trop peu nombreuse — sur toute la terre, et particulièrement en notre pays — pour qu'on puisse trouver parmi les descendants d'un même couple, avec une ampleur suffisante, le rapport numérique des sexes qui vérifierait la loi.

L'autre groupe d'études auquel nous faisions allusion, consiste dans les recherches cytologiques. Depuis une douzaine d'années, en étudiant la teneur des cellules en chromatine, on a cru reconnaître, parmi les chromosomes, la présence d'un élément caractéristique du sexe.

De nombreuses recherches ont été faites sur ce point intéressant, notamment par Henking, Montgomery, Mac Clung, Edmund Wilson, Morrill, Gulick, Morgan, Boveri. Elles n'ont pas donné de résultats très concordants et susceptibles de généralisation. Les hétérochromosomes caractéristiques du sexe ne se présentent pas partout sous le même aspect, avec le même nombre, dans les mêmes conditions. En admettant même l'existence d'une composition chromatique qui caractériserait le sexe, on ne sait au juste si cette composition serait définie qualitativement, ou si elle le serait quantitativement. Encore moins sait-on si elle constituerait la cause de la sexualité, ou si elle en dériverait comme une conséquence, ou si elle lui serait simplement parallèle. Sur toutes ces questions, la science n'est pas faite. Il serait donc téméraire de vouloir dès maintenant étayer des conclusions sur les données restreintes aujourd'hui réunies, et c'est pourquoi nous n'insisterons pas davantage à leur sujet.

En résumé, la question du déterminisme du sexe est loin d'être définitivement résolue pour le règne animal. Des intérêts pratiques considérables s'attachaient pourtant à sa solution. Les éleveurs auraient eu un avantage très grand à posséder des recettes permettant d'influer sur le sexe des produits à naître. D'innombrables procédés empiriques ont été préconisés, pour les diverses espèces domestiques. Mais l'empirisme, est-il besoin de le dire?, a encore moins bien réussi que la science. Toutes les formules proposées, après avoir réussi dans quelques cas, ont fini par échouer dans des hypothèses plus multiples encore. Aujourd'hui, les zootechniciens sont d'accord pour reconnaître qu'il n'y a aucun moyen d'action général en ces matières (1).

Laissant donc de côté toutes les applications pratiques, bornons-nous à constater que, des recherches scientifiques ci-dessus résumées, une seule conclusion paraît se dégager avec quelque vraisemblance. C'est que la détermination du sexe — quel que soit le moment où elle s'opère — se fait sous l'influence de conditions nutritives, et que de bonnes conditions favorisent l'apparition du type féminin.

II

L'étude des espèces animales et végétales ne nous ayant pas livré la solution définitive du problème si complexe et si difficile du déterminisme du sexe, nous revenons à l'espèce humaine, au profit de laquelle les recherches sur toutes les autres avaient été en réalité entreprises. L'examen direct des cas humains va-t-il nous apprendre quelque chose sur les causes qui produisent la sexualité ?

On ne peut pas recourir ici à l'expérimentation proprement dite : la morale s'oppose à ce que l'on fasse de la vie humaine et de sa propagation l'objet d'expériences, au sens précis du mot ; et d'ailleurs, voulût-on en faire, on ne trouverait guère de sujets consentant à s'y prêter.

(1) C'est ce qui résulte notamment d'une communication récente de M. Marcel Vacher à la Société Nationale d'Agriculture (*Bulletin de la Société*, 1910) et c'est ce que nous a confirmé M. Mallèvre, professeur de zootechnie à l'Institut national agronomique.

Les seuls cas que l'on puisse à la rigueur faire rentrer dans cette catégorie, sont les traitements médicaux. Il en a été proposé beaucoup pour favoriser la procréation des garçons ou des filles. Mais tous ceux qui ont été essayés pendant un certain temps, — notamment ceux du Dr Schenck, qui firent grand bruit il y a quelques années, — ont prouvé leur insuccès. D'autres, tels que le traitement par l'adrénaline, ont été préconisés trop récemment pour qu'on ait pu déjà les juger. Force est dès lors de se contenter, en ces matières, de l'observation pure et simple. Mais, appliquée à la reproduction humaine, celle-ci a d'assez étroites limites. Chaque être humain, en effet, n'a que fort peu d'enfants ; il n'est pas dans le cas de ces poissons qui pondent des œufs par milliers, de ces végétaux qui peuvent avoir des rejetons chaque mois, de ces protistes qui sont aptes à se segmenter à tout instant. On ne peut donc pas suivre fréquemment les phénomènes de la génération sur un couple humain donné. La même chose se trouve vraie, d'ailleurs, des vertébrés supérieurs qu'on pourrait logiquement songer à rapprocher de l'homme, ce qui limite les ressources qu'offre en cette matière l'observation comparée. — Des milliers d'ovules et des millions de spermatozoïdes qu'une femme et un homme produiront, il ne naîtra peut-être qu'un seul individu nouveau. C'est presque le hasard qui dira auxquels de ces éléments gamiques sera réservée cette fortune, et par suite qui fixera le sexe du produit. Nous constatons le résultat ; mais comment, dans ces conditions, prétendre en découvrir les causes ? —L'entreprise, pourtant, n'est peut-être pas absolument chimérique. « Le hasard lui-même a ses lois », a-t-on dit fort justement. C'est à la statistique qu'il appartient de les mettre en lumière. Ce qu'on ne peut trouver en suivant la descendance d'un seul individu, parce qu'elle est trop peu étendue, on le saisira peut-être en suivant celle de tout un groupe (cité, province, nation), parce qu'ici la base sera assez large pour permettre des observations répétées et se contrôlant les unes les autres. Le grand nombre des observations était la condition du succès : ne pouvant le réaliser avec des couples isolés, on se le procurera en faisant porter les investigations sur tout un peuple. Un procédé d'étude précis deviendra ainsi applicable. Ce que l'embryologie ne pouvait montrer, la statistique le révèlera.

Comment donc le statisticien va-t-il se poser le problème ? Le voici. Il cherchera combien il naît d'enfants des deux sexes dans les diverses conditions que la nature présente, et il calculera le rapport numérique de ces deux groupes pour chacune de ces conditions. Il verra de la sorte si ce rapport varie avec chacune d'elles. Evidemment, celles-ci devront être aussi multipliées, que possible. Il faudra se placer dans les milieux physiques, organiques, sociaux, les plus différents, et c'est ce que nous comptons faire au cours de ce travail. La comparaison des résultats obtenus pourra mettre en lumière les facteurs sous l'influence desquels se détermine le sexe. Car, si, par exemple, le rapport numérique des garçons aux filles monte constamment quand se trouvent réalisées certaines conditions de milieu, c'est que celles-ci doivent avoir une action favorable à l'apparition du type masculin. Les règles de la méthodologie scientifique posées par John Stuart Mill (méthodes de concordance, de différence, des variations concomitantes) reçoivent ici légitimement leur application.

Quiconque a manié le précieux et délicat instrument constitué par la statistique, sait l'avantage qu'il y a à disposer de séries de constatations étendues. D'une part, objectivement, les causes occasionnelles s'éliminent ; de l'autre, subjectivement, les erreurs d'observation en sens opposés se compensent. C'est ce qu'on appelle « la loi des grands nombres ». Elle peut se formuler ainsi : les résultats sont d'autant plus sûrs qu'ils sont établis sur une base plus large. Heureusement, elle peut recevoir son application dans notre espèce : car, sur le sexe des naissances humaines, nous possédons des relevés extrêmement étendus.

Seulement, même si cette condition est remplie, la statistique ne saurait nous apprendre tout ce que nous aimerions à connaître. Elle n'opère, en effet, que sur les masses ; elle ne descend pas dans l'intimité des individus. Ce qu'elle gagne en étendue, il semble qu'elle le perde en profondeur. Il y a là comme une sorte de compensation inéluctable. Toute chose a ses inconvénients nécessaires, à côté de ses avantages. Aussi, nulle recherche statistique ne permettra, en aucun cas, l'explication complète et adéquate d'aucun phénomène individuel. Les lois auxquelles aboutit l'étude statistique du mariage, par exemple, ne sauraient donner les raisons, d'une complexité parfois si décevante, pour lesquelles tel homme a contracté telle union. Seulement, elles font comprendre pourquoi, dans tel état social, on se marie plus que dans tel autre. De même, l'étude statistique du rapport des sexes à la naissance ne nous dira pas avec certitude pourquoi tel enfant est né du sexe féminin, et ne nous permettra, ni de prévoir à coup sûr le sexe de tel enfant attendu, ni surtout d'agir sur lui pour le produire à notre gré. Mais elle nous permettra de comprendre *dans l'ensemble* la prédominance d'un sexe sur l'autre en un état social donné, de prévoir leur rapport numérique probable pour la plus prochaine période de temps, et peut-être même de le modifier, dans la mesure où des améliorations sociales, résultant d'une action consciente et éclairée, peuvent agir sur la constitution organique d'une race.

Le problème, par nous posé, arrive de la sorte à prendre un nouvel aspect. Ce n'est plus simplement un problème biologique ; tout en le restant, ce devient en même temps un problème social. Il est social, nous semble-t-il, à trois égards. D'abord, la méthode que nous allons employer, la méthode statistique, a fait surtout ses preuves dans les domaines sociaux. Bien qu'elle puisse être utilement employée par les sciences cosmiques et organiques, elle l'a surtout été quant à présent par les sciences sociales. Secondement, les résultats auxquels nous parviendrons devront s'interpréter — au moins en partie — socialement. Nous avons vu tout à l'heure que le sexe paraît déterminé par des conditions de nutrition chez les espèces animales. Nous verrons qu'il en est de même chez l'homme, et ici cette formule prendra un sens plus précis. Car les conditions de nutrition sont cette fois susceptibles d'être définies en termes empruntés à la science économique. Troisièmement, enfin, notre problème est gros de conséquences sociales. Du chiffre respectif des garçons et des filles procréés dépend, dans des conditions que nous étudierons, le chiffre respectif des hommes et des femmes dans une société donnée ; et de ce dernier chiffre, à son tour, dépend en grande partie la forme même de cette société. Le régime légal du mariage y est lié : un peuple sera porté à la monogamie, à la polygamie ou à la polyandrie, suivant que les deux sexes y seront en nombre sensiblement égal, ou que les femmes l'y emporteront notablement

sur les hommes, ou qu'enfin un excédent considérable
se produira en sens inverse. La condition de la femme,
et notamment le degré de son assujettissement, en su-
biront l'influence. Dans un autre ordre d'idées, le plus
grand développement du sexe masculin sera loin d'être
indifférent à la puissance militaire de la nation considérée. Il ne le sera pas non plus à sa force de production
industrielle. Il le sera tout aussi peu à sa capacité
d'expansion colonisatrice. En somme donc, la relation
numérique des sexes, dans une nation donnée, agira
grandement sur son organisation familiale et sur plusieurs des aspects caractéristiques de son activité collective.

Malgré tout cela, le problème du déterminisme du
sexe chez l'homme ne reste pas moins, à sa base, d'ordre
biologique. Car c'est dans l'intimité de l'organisme qu'il
se résout ; ce sont des causes anatomiques et physiolo-
giques qui opèrent ici en dernier lieu. Ce qui est donc
vrai, c'est qu'il est biologique et social à la fois. Il relève,
par un côté, des sciences naturelles ; par un autre, des
sciences sociales. Mais n'est-ce pas ce qu'on peut dire de
tous les problèmes humains ? Nos travaux personnels
nous ont conduit à penser que tous ont ce double caractère. Dans nos publications antérieures (1), nous avons
essayé de montrer que ces deux faces de la réalité
doivent être incessamment rapprochées l'une de l'autre.
Ici la liaison est si évidente qu'il est inutile d'y insister.
L'étude du sexe des naissances humaines appartient à une
science sociale, la démographie ; mais elle peut aussi

(1) *Organisme et Société*, 1896 ; *Philosophie des sciences sociales*,
trois volumes, 1903-1907 ; *Les principes biologiques de l'évolution
sociale*, 1910.

être revendiquée par une science naturelle, la biométrie. Qu'en conclurons-nous ? C'est que sur ce point les domaines de ces deux sciences coïncident et se confondent. Les recherches ici entreprises peuvent être considérées comme leur étant communes.

De semblables recherches gagneraient peut-être à se voir poursuivies sur la base la plus large possible, à embrasser par conséquent l'humanité tout entière. Mais c'est ce qui ne saurait être fait dans le présent travail. Car l'humanité est actuellement divisée en tronçons trop distincts pour qu'on puisse les réunir tous en une même étude. Cela est dû à deux ordres de raisons. D'abord, les diverses populations humaines ont chacune leurs caractéristiques propres : celles-ci tiennent, selon les cas, à des influences de milieu, à la constitution de la race, à l'organisation sociale ; toujours est-il qu'elles séparent nettement les uns des autres les groupes qui les présentent. C'est ainsi que, en notre matière, nous verrons le rapport numérique des sexes à la naissance varier de nation à nation d'une manière assez sensible. En second lieu, dans les différentes régions du globe, l'organisation de la statistique est fort inégale. Les procédés de dénombrement réguliers et précis ne sont en usage que dans une partie de l'humanité. Là même où ils existent, ils ne sont pas toujours les mêmes. En Asie, par exemple, nous ne pouvons rien tirer des données réunies par le gouvernement chinois ; les possessions russes, anglaises, françaises même dans ce continent ne nous sont connues, démiquement (1), que d'une façon fort imparfaite.

(1) Nous demandons la permission d'employer les termes « démique » et « démiquement » dans les cas où, par un allongement inutile, on se sert souvent des expressions « démographique » et « démographiquement ».

En Europe même, les statistiques des divers pays ne méritent pas toutes le même degré de confiance, et de plus elles ne sont pas toujours exactement comparables les unes aux autres. Par exemple, en notre matière, les règles relatives à l'enregistrement des naissances n'étant pas les mêmes en Angleterre et en France, il règne quelque incertitude sur la comparaison des totaux obtenus dans ces deux pays. En somme donc, on ne peut, en démographie, considérer l'espèce humaine comme l'unité. C'est, tout au plus, aux différentes nations qu'il faut attribuer ce caractère. Cela n'empêchera pas, sans doute, des travaux de synthèse portant sur l'humanité entière. Mais ils ne sauraient être faits utilement que pour des phénomènes qui auront d'abord été étudiés, par voie d'analyse, dans chaque pays isolément. Des esquisses nationales devront précéder forcément ces tableaux d'ensemble.

C'est une esquisse de ce genre que nous voudrions entreprendre, en prenant pour cadre notre patrie. Nous examinerons donc ici le rapport des sexes dans la natalité française. Une nation comme la France présente, pour l'étude de ce problème, des caractères avantageux. Elle est assez nette dans ses contours pour que la question y soit posée avec précision; assez homogène dans son contenu pour que cette question soit susceptible d'une réponse ne variant pas trop avec les subdivisions du pays; assez vaste pour que cette réponse ait une valeur de quelque généralité. En outre, elle est administrativement et scientifiquement assez avancée pour que des données très sérieuses y aient déjà été recueillies par les statistiques existantes. Voici un État qui compte environ quarante millions de citoyens, et où le recensement de la population et le relevé de ses mouvements s'effectuent officiellement depuis cent dix ans. On conçoit quelle base large et solide à la fois il présente à une investigation comme celle-ci. Sans doute, nous aurons plus d'une fois à en sortir, pour lui comparer d'autres pays, surtout les pays voisins. Mais il restera toujours le centre de notre enquête, et nous ne le quitterons jamais que pour y revenir aussitôt. Nous ne prétendons pas, dans ces conditions, aboutir à des formules ayant une portée universelle ; nous souhaiterions seulement en émettre qui eussent une portée générale (1). Nos conclusions seront limitées, dans l'espace comme dans le temps, au domaine où auront été recueillis les chiffres rapportés et interprétés par nous. Mais en ce domaine, nous espérons dégager des rapports constants de simultanéité et de succession, se rattachant tous à une même loi fondamentale.

(1) Nous avons essayé ailleurs de montrer que, dans le monde social, on n'atteint point à des principes d'une application rigoureusement universelle (*Philosophie des Sciences sociales*, tome II, chap. xix, § II.)

CHAPITRE II

Sources.

I

Le problème qui doit nous occuper ici vient d'être posé et délimité. Il s'agit maintenant de savoir où nous allons trouver les éléments nécessaires pour le résoudre.

Ces éléments, c'est aux documents officiels qu'il faut les emprunter. On sait bien, en effet, que la tâche de colliger les faits, pour un travail statistique, ne saurait être celle de l'auteur même du travail. Elle dépasse par son étendue les forces d'un seul homme. Dans notre cas c'est particulièrement évident, puisqu'il s'agit d'examiner les naissances qui se sont produites dans toute une grande nation pendant le cours d'au moins un siècle. Mais les administrations compétentes ont soin de faire des relevés périodiques des divers phénomènes sur lesquels porte leur activité. Elles les publient, et ce sont ces recueils de chiffres qui fournissent à l'homme d'étude ses matériaux. Son rôle est de déterminer la valeur des chiffres ainsi réunis, d'en opérer le groupement rationnel, d'en fournir l'interprétation.

En notre matière, quatre ordres de documents, publiés par des administrations françaises, peuvent être surtout utilisés. Pour les caractériser chacun d'un mot, nous les diviserons en documents : 1° nationaux ; 2° locaux ; 3° spéciaux ; 4° internationaux.

Les documents nationaux sont eux-mêmes de plusieurs espèces. On distingue parmi eux la *Statistique annuelle du mouvement de la population,* et les *Résultats du recensement quinquennal de la population française.*

La statistique annuelle du mouvement de la population est publiée par les soins du Service de la statistique générale. Ce service est une extension de l'ancien Bureau de la statistique générale, créé sous le règne de Louis-Philippe. Nous n'avons pas à en faire ici l'historique détaillé. Disons seulement qu'il appartenait, en avant-dernier lieu, au Ministère du commerce et de l'industrie et qu'actuellement il fait partie du Ministère du travail et de la prévoyance sociale. Tout récemment, il a été érigé en direction autonome. Il déploie depuis plusieurs années, sous l'impulsion de M. Lucien March, une louable activité. Ses publications sont nombreuses. On compte notamment parmi elles l'*Annuaire statistique de la France,* qui est le résumé de toutes les principales statistiques officielles des ordres les plus divers. Cet Annuaire, très précieux comme condensation, ne contient point de documents originaux. En matière démographique, ses indications sont tirées de la *Statistique annuelle du mouvement de la population.* Spécialement sur la question des sexes, elles sont extrêmement sommaires. Nous n'aurons donc guère à le citer dans ce travail. Au contraire, nous aurons à faire le plus grand usage de la *Statistique annuelle du mouvement de la population*. Celle-ci paraît depuis 1872 (pour les faits de 1871). Elle en est donc à son 36ᵉ volume : la dernière année par elle étudiée est 1906 (1). On remarquera seulement qu'elle a subi un changement de titre. De 1872 à 1898, on réunissait chaque année en un seul volume, sous le titre de *Statistique annuelle de la France*, des documents relatifs à la population, à l'assistance, etc... C'est seulement depuis 1898 qu'on a fait paraître distinctement ceux qui concernent le mouvement de la population. Le Service de la statistique générale a réuni en un seul tome ceux de 1905 et de 1906. Il se propose de ne plus publier ceux qui suivront que tous les cinq ans. Aussi, pour 1907 et 1908, n'a-t-il édité que des fascicules sommaires, qui notamment ne contiennent rien sur le sexe des naissances. Mais tous les volumes antérieurs, relatifs aux années 1871 à 1906, renferment d'importantes données sur ce problème. Pour se rendre compte de la valeur de ces volumes annuels, il faut savoir, en premier lieu, d'où viennent les faits élémentaires qui y sont relatés, et, en second lieu, comment ces faits sont centralisés.

En ce qui concerne les naissances — seul objet qui nous préoccupe ici — les faits élémentaires proviennent des registres de l'état civil. Depuis des siècles, le clergé catholique tenait en France des registres de baptêmes. La Révolution opéra une œuvre de sécularisation en décidant, par la loi des 20-25 septembre 1792, que désormais ce seraient les municipalités qui recevraient les déclara-

(1) Quelques volumes ont été consacrés au mouvement de la population de 1851 à 1868.

tions de naissances. Le Code civil de 1804, dans ses articles 55 et suivants, fixa le contenu de ces déclarations et spécifia à qui incomberait l'obligation de les faire. Il a été complété, depuis lors, pour des cas spéciaux, par des lois de 1893 et de 1903. En somme, d'après ces textes, la naissance de tout enfant doit être déclarée, dans les trois jours de l'accouchement (1), par le père, et à son défaut par les docteurs en médecine, sages-femmes et autres personnes qui ont assisté à l'accouchement, et, lorsque la mère est accouchée hors de son domicile, par la personne chez qui elle est accouchée. La déclaration est reçue en présence de deux témoins par le maire ou son adjoint, qui en dresse acte ; en pratique, elle l'est d'ordinaire par le secrétaire ou employé de la mairie et le maire se borne à signer l'acte. Elle doit énoncer les noms, prénoms, âges, professions et adresses des deux auteurs de l'enfant, si celui-ci est légitime. Lorsqu'il est naturel, elle mentionne la reconnaissance qui peut en être faite immédiatement par les deux auteurs, ou par l'un d'eux (et qui même l'a été quelquefois antérieurement à la naissance). A défaut de cette reconnaissance, le nom de la mère peut être indiqué par le déclarant, et alors il est inscrit sur le registre ; le nom du père n'y doit jamais figurer sans son aveu, en vertu de la règle qui interdit en France la recherche de la paternité. L'acte de naissance mentionne encore le sexe de l'enfant, le jour, l'heure et le lieu de sa naissance, le ou les prénoms qui lui sont donnés. Il pourra être ultérieurement, s'il s'agit d'un enfant naturel, complété par des actes de reconnaissance et de légitimation.

(1) C'est-à-dire, d'après l'interprétation des commentateurs du Code civil : dans les trois jours qui suivent celui de l'accouchement.

Telles sont les règles posées par le Code pour la déclaration de naissance. Mais quelles garanties a-t-on que ces prescriptions seront exécutées? Le législateur en a établi de trois sortes:

1° Il a frappé de pénalités ceux qui, tenus de faire la déclaration, auraient manqué à ce devoir. Il paraît que le fait se produisait assez souvent dans les années qui suivirent le Code civil de 1804, surtout en ce qui concernait les garçons. L'état de guerre était alors presque permanent et la conscription réclamait tous les enfants mâles. Elle était fort peu populaire; pour y faire échapper leurs fils, nombre de pères ne les déclaraient pas à leur naissance. Aussi le Code pénal de 1810 vint-il porter, dans son article 346, la rigoureuse mesure que voici : « Toute personne qui, ayant assisté à un accouchement, n'aura pas fait la déclaration à elle prescrite par l'article 56 du Code civil, et dans les délais fixés par l'article 55 du même Code, sera punie d'un emprisonnement de six jours à six mois, et d'une amende de seize francs à trois cents francs ».

2° Il ne suffit pas qu'une déclaration ait été faite. Il faut qu'elle soit exacte. Pour que l'officier de l'état civil ait la certitude qu'elle l'est, l'article 55 du Code civil décidait que « l'enfant lui sera présenté». Mais cette présentation, faite au moment de la naissance ou presque aussitôt après, et exigeant le transport du nouveau-né à la mairie, aurait pu lui coûter la vie. Aussi la pratique éluda-t-elle l'application de cette disposition législative. En fait, aujourd'hui, les municipalités se contentent de faire constater les naissances, à domicile, par des médecins. A Paris, des docteurs en médecine sont spécialement délégués à cette fonction par l'autorité municipale avec le titre de médecins de l'état civil .

3° Enfin, il existe des garanties contre les faits imputables à l'officier de l'état civil lui-même, lesquels sont, à vrai dire, tout à fait exceptionnels. S'il faisait une inscription frauduleuse, il serait passible des peines du faux en écriture publique. S'il commettait simplement des négligences graves dans son service, il s'exposerait à être suspendu ou révoqué par l'autorité supérieure. Et si ces faits avaient causé des préjudices aux tiers, il pourrait être condamné au profit de ceux-ci, par les tribunaux, à des dommages-intérêts.

Ajoutons que les actes de naissance sont inscrits sur des registres tenus en double ; que ceux-ci sont cotés sur chaque page, et paraphés par le président du tribunal civil ; qu'aucun blanc n'y doit être laissé, et que tout renvoi ou rature doit être approuvé. A la fin de l'année, l'un des doubles des registres est envoyé au greffe du tribunal civil ; l'autre demeure dans les archives de la mairie. Il est dressé pour les registres des tables annuelles, qui récapitulent les naissances par noms d'enfants, en indiquant pour chaque nouveau-né le numéro de l'acte qui le concerne, le sexe, la filiation légitime ou naturelle.

D'une manière générale, ces registres sont bien tenus. Les secrétaires de mairie sont, dans toute commune un peu importante, des employés sérieux et assez compétents ; dans les petites communes, ces fonctions sont d'ordinaire remplies par les instituteurs. Vu les pénalités sévères qui frappent l'absence de déclaration, il est probable que fort peu de naissances échappent aux registres. Il est possible qu'il y ait parfois quelques déclarations inexactes, quant au nom ou à la filiation ; mais nous n'avons jamais ouï dire qu'il y en ait eu quant au sexe (1). En somme donc, les indications de l'état civil, au moins sur le nombre des naissances et leur sexualité, sont de celles auxquelles on peut se fier.

Nous avons voulu personnellement nous familiariser avec ces indications, examiner de près les registres qui les contiennent. Et c'est une des raisons pour lesquelles nous avons entrepris le relevé des naissances dans une commune particulière, choisie comme exemple, celle de Wimereux. Le résultat de nos investigations en ce qui la concerne est contenu dans l'appendice au présent travail. Disons seulement ici que nous avons constaté, par ce relevé personnel, le soin avec lequel, même dans une localité moyenne (1.400 habitants environ), les registres des naissances sont dressés.

En tout ce qui précède, nous avons examiné le cas le plus usuel : celui d'un enfant qui naît vivant. Mais il faut aussi se préoccuper du cas, moins fréquent, où l'on se trouve en présence d'un mort-né. Celui-ci a été prévu par un décret du 4 juillet 1806. Ce texte décide que, lorsqu'on présente à l'officier de l'état-civil le cadavre d'un enfant dont la naissance n'a pas été enregistrée, cet officier constate simplement que cet enfant lui a été présenté sans vie, et l'acte ainsi dressé est inscrit à sa date sur les registres des décès. Mais ce décret très sommaire ne prescrit rien sur les obligations relatives à la déclaration elle-même. Dans son silence, on peut penser que la déclaration de tout mort-né, quel que soit son âge, est obligatoire ; on peut aussi penser le contraire.

---

(1) Nous avons seulement vu signaler, dans la presse, quelques très rares erreurs d'inscription sur ce point, qui amenaient l'inscription ultérieure de filles sur les listes du recrutement militaire et étaient alors réparées.

De là, dérive un grand flottement dans la pratique. A Paris, des circulaires émanant du préfet de la Seine ont indiqué aux maires que tout produit sortant du sein de la mère doit être déclaré et enregistré. On distingue, dans cette ville et pour ces déclarations, les embryons et les fœtus. Les premiers sont ceux qui ont moins de quatre mois. Ils sont portés sur un registre spécial et incinérés. Dans les départements, les règles varient suivant les localités, quant à l'âge qu'un produit doit avoir atteint pour qu'on considère sa déclaration comme obligatoire pour les médecins et sages-femmes qui ont coopéré à l'accouchement. La seule règle partout suivie est celle du décret de 1806 : il est dressé pour le mort-né déclaré un simple acte de décès, sans acte de naissance. De plus, en vertu du même décret, l'officier de l'état civil s'abstient d'indiquer si l'enfant a vécu : cela, sans doute, afin de ne pas préjudicier aux tiers, dont les droits de succession peuvent dépendre de cette question, que cet officier n'est pas apte à trancher. Il en résulte la présence, parmi les enfants considérés par la statistique comme morts-nés, d'une catégorie que le D' Ad. Bertillon (père) appelait les faux morts-nés : ceux qui sont nés vivants, mais qui sont morts avant la déclaration de naissance. Une statistique rigoureuse devrait établir pour eux une classe spéciale. Et même, comme l'ajoute le D' Jacques Bertillon (fils), elle devrait en établir une seconde : celle des enfants qui sont nés vivants, mais non viables. Un fœtus de six mois, par exemple, a pu respirer, mais n'a pu certainement prolonger son existence; il rentrerait donc dans cette classe. — On voit par tout cela combien il règne d'incertitudes dans la statistique des morts-nés. Elle confond des groupes disparates. Elle en laisse aussi échapper bien des éléments.

Nombre de morts-nés ne sont pas déclarés, par négligence des parents et des accoucheurs, en l'absence d'une sanction dont les conditions d'application soient bien précisées. Certains aussi ne le sont pas, parce que l'accouchement a été criminel. Par suite, la statistique des morts-nés est loin de présenter la même valeur que celle des enfants nés vivants. Ajoutons qu'elle remonte seulement à 1840, tandis que celle des nés vivants date de 1800. Pour cette double raison et aussi parce que les nés vivants sont au moins vingt fois plus nombreux que les morts-nés, nous serons amené ici à concentrer d'ordinaire nos explications sur les premiers.

Comme on vient de le voir, les faits élémentaires sur lesquels porte notre étude — les naissances d'enfants des deux sexes — sont inscrits sur les registres de l'état civil : registres des naissances pour les enfants nés vivants, registres des décès pour les enfants morts-nés. Ces deux sortes de registres sont donc la source fondamentale où il faut puiser, en notre matière. Mais, aux yeux des statisticiens contemporains, la méthode simple et courante de l'enregistrement des faits successifs passe d'ordinaire pour insuffisante. Ils lui préfèrent une méthode d'inscription qui individualise chacun de ces faits, en lui consacrant un bulletin spécial. Autant que faire se peut, dans toutes les branches de la statistique, sans supprimer les anciens registres, on leur juxtapose, ou plutôt on leur superpose des bulletins. C'est ainsi, pour n'en donner qu'un exemple, qu'un sérieux progrès a été réalisé lorsque, aux registres des condamnations criminelles et correctionnelles tenus dans les greffes, on a ajouté le casier judiciaire de chaque condamné et sa fiche anthropométrique. Le même progrès s'est fait en matière de statistique de l'état civil. Aux registres des

RÉPUBLIQUE FRANÇAISE

BULLETIN DE NAISSANCE

D'ENFANT NÉ VIVANT

ANNÉE 19

Domicile de la mère

No de l'Acte :

No d'ordre de la naissance :

Date de la naissance : le   du mois d   19   , à   heures du
(matin ou soir.)

1. Sexe : Masculin   , Féminin

2 Filiation { légitime :
{ illégitime { reconnu sur acte de naissance par le père
{ non reconnu de suite

3. Lieu de l'accouchement { A domicile
{ Sinon, à quel endroit

4. État des parents { Age du père   , sa profession { Patron (¹)
{ Employé (¹)
{ Ouvrier (¹)
{ Age de la mère   , sa profession { Patronne (¹)
{ Employée (¹)
{ Ouvrière (¹)

5. Durée de la gestation :   mois.

6. La mère a-t-elle reçu l'assistance d'un médecin ?   ; d'une
(oui ou non)
sage-femme ?
(oui ou non)

7. En cas de grossesse { de garçons { nés vivants { de filles { nées vivantes
multiple, combien { { mort-nés { { mort-nées
(Dans ce cas, établir un bulletin par enfant, mais ne répondre à la question 7 que sur l'un des bulletins.)

	Ensemble des enfants déjà nés	En cas de mariages successifs, nombre des enfants déjà nés issus de la mère au cours	
		du mariage actuel	des mariages précédents
8. Nombre d'enfants déjà nés de la même mère Garçons { encore vivants			
décédés.			
mort-nés.			
Filles { encore vivantes			
décédées.			
mort-nées.			
TOTAUX			

9. Date du mariage : le   19
(Pour le dernier mariage.)

A   , le   19

Le Maire,
Le Déclarant,   ou *le Préposé de l'état civil,*   Vu :
Le Médecin de l'état civil,

(¹) Préciser le plus possible la profession, à la place réservée, suivant qu'il s'agit de patron, d'employé ou d'ouvrier.

mariages se sont joints les livrets de famille. Aux registres des naissances se sont joints les bulletins individuels de naissance. Ce dernier système, d'abord appliqué à Paris en 1875, a été ensuite généralisé. Depuis 1907, il s'étend à toute la France. Le secrétaire de mairie, en même temps qu'il rédige un acte de naissance, dresse pour cet acte un bulletin. Nous reproduisons ci-contre le fac-similé du cadre de ce dernier.

On voit immédiatement que ce bulletin donne bien plus d'indications que n'en fournissaient les seuls régistres de l'état civil. Ainsi les questions 5, 6, 7, 8 et 9 ne trouvent de réponses que sur lui. La question 4 y prend aussi une toute autre précision. Les registres n'avaient qu'une valeur juridique et administrative ; les bulletins possèdent une véritable valeur scientifique.

En outre, ce procédé nouveau va faciliter singulièrement la centralisation des données. Avec les registres, le seul procédé qui permit cette centralisation était le suivant. Chaque année, les municipalités des communes urbaines (c'est-à-dire comptant au moins 2.000 habitants de population agglomérée) recevaient de l'administration supérieure des questionnaires leur demandant combien, dans l'année précédente, elles avaient enregistré de naissances, masculines et féminines, légitimes et naturelles, d'enfants vivants et de morts-nés. Les secrétaires de mairie répondaient à ces questionnaires au moyen des tables, dressées par eux pour les registres de l'état civil. Les questionnaires, une fois remplis, étaient retournés aux sous-préfectures. Celles-ci demandaient, d'autre part, aux municipalités des communes rurales (c'est-à-dire de moins de 2.000 habitants de population agglomérée), qu'on ne jugeait point outillées pour faire elles-mêmes le dépouillement, une liste nominative des nais-

sances, mariages et décès survenus dans l'année écoulée
sur leurs territoires. Les sous-préfectures dépouillaient
ces listes rurales, et ajoutaient aux totaux qu'elles trou-
vaient ainsi les chiffres que leur avaient envoyés les
communes urbaines. Puis elles transmettaient leurs colonnes globales aux préfectures, lesquelles les envoyaient
au ministère. Et le Service de la statistique générale en
opérait la totalisation. Il devait se contenter d'accepter
les données initiales telles qu'elles lui arrivaient des
sous-préfectures et mairies, sauf à réexpédier à celles-ci
des questionnaires avec ses observations si les réponses
reçues lui paraissaient fantaisistes. — Aujourd'hui, au
contraire, l'opération devient à la fois plus simple et
plus probante avec les bulletins. Chaque secrétaire de
mairie envoie ses bulletins de naissance à la sous-pré-
fecture, d'où elles vont, sans autre opération, à la préfecture. Celle-ci les fait parvenir au ministère. Et c'est le
Service de la statistique générale qui en effectué directement le dépouillement. Il a même été construit, pour
faire celui-ci, des machines fort ingénieuses, dont la
plus récente est due au chef de ce service, M. Lucien
March. Grâce à ce procédé, la centralisation des données
et leur dépouillement sont tout à la fois très rapides et
très sûrs.

Une fois ces opérations effectuées, il ne reste plus qu'à
totaliser les données et à les publier. Le Service procède
à cette publication dans les volumes annuels dont nous
avons parlé. La *Statistique annuelle du mouvement de
la population* indique, en ses tableaux, le nombre d'enfants qui est né dans l'année écoulée en chaque département, suivant le sexe, la filiation et la vitalité. En
d'autres termes, nous savons par elle combien de garçons sont venus au jour dans les 87 départements, com-

bien il y en avait de légitimes et de naturels, combien
de vivants et de morts-nés ; et nous avons naturellement les mêmes indications pour les filles. Malheureusement, les tableaux voisins ne donnent pas la décomposition entre les deux sexes, pour les naissances par
mois, et pour les naissances d'après l'âge des parents.
Ajoutons que, dans le texte qui précède les tableaux, il se
trouve chaque année un paragraphe consacré au sexe
des naissances, où l'on fait connaître la répartition des
deux sexes dans les naissances constatées parmi la population rurale et urbaine et parmi celle du département
de la Seine.

En dehors de cette importante publication, nous avons
déjà indiqué qu'il faut tenir compte d'une autre série de
statistiques nationales, celles qui sont relatives aux recensements quinquennaux de la population française. En
laissant de côté quelques essais de dénombrement tentés
sous l'ancien régime, le premier recensement fut or-
donné sous le Consulat en 1800 par Lucien Bonaparte,
alors ministre de l'intérieur, et effectué en janvier 1801.
Cette opération se fait aujourd'hui régulièrement tous
les cinq ans. Elle a eu lieu, pour les dernières fois, en
1896, 1901, 1906 et 1911. A un jour donné, on compte
tous les individus vivant sur le territoire français, en
leur demandant de fournir sur eux-mêmes les indications essentielles. Ici, c'est le système des bulletins individuels qui est appliqué depuis longtemps. Chaque personne remplit le sien, et en outre le chef de famille en
remplit un autre, qui nomme les personnes vivant sous
son toit. Naturellement, parmi les indications des bulletins, figure celle du sexe des intéressés. L'ensemble de

ces fiches est centralisé et dépouillé à la machine. Le recensement est dans les attributions du Ministère de l'intérieur, mais la publication de ses totaux se divise entre lui et le Service de la statistique générale. Le Ministère de l'intérieur publie, après chaque recensement, un volume in-octavo donnant, pour chaque commune, un chiffre unique, celui de sa population globale. Cette indication a surtout un intérêt administratif, en ce qu'elle fixe le nombre de mandataires qui appartiendront à la population constatée, au sein des corps électifs. Mais toutes les recherches d'ordre démographique, auxquelles on peut se livrer à propos du recensement, rentrent dans les attributions du Service de la statistique générale. Celui-ci fait de la sorte paraître, pour chaque recensement, quatre ou cinq volumes in-quarto. Les *Résultats du recensement de 1901* forment cinq de ces grands volumes. Ceux du recensement de 1906 sont en cours de publication et l'on n'en a encore que trois volumes. On comprend sans peine la différence qui sépare les données contenues dans ces travaux, de celles que fournit la *Statistique annuelle*. Celle-ci indique les naissances, mariages, décès; ceux-là indiquent les existences. Celle-ci signale les faits qui modifient la composition de la population; ceux-là résument cette composition à un moment donné. La *Statistique annuelle* étudie le mouvement de la population; le *Recensement* en établit l'équilibre. La première se place au point de vue cinématique; le second, au point de vue statique. Nulle antithèse ne marque mieux que la leur, croyons-nous, la distinction entre des travaux de cinématique sociale et des travaux de statique sociale (1).

(1) Ici, nous appelons cinématique sociale ce qu'on appelle

II

Les publications dont nous venons de parler, l'*Annuaire statistique de la France*, la *Statistique annuelle du mouvement de la population*, les *Résultats du recensement*, embrassent l'ensemble du territoire national. Mais il en est d'autres qui ont un champ plus restreint, et sur lesquelles nous devons maintenant nous expliquer.

Les unes émanent de certaines grandes villes. Paris tient naturellement la tête. La capitale possède un bureau de statistique, qui dépend de la préfecture de la Seine. Ce bureau a actuellement, et depuis de longues années, à sa tête, le Dr Jacques Bertillon. Sous cette féconde direction, il publie un *Annuaire statistique de la ville de Paris*, qui compte déjà trente années d'existence. Cette publication est particulièrement riche en ce qui concerne le sujet dont nous nous occupons ici. Le système des bulletins individuels, en usage à Paris de longue date, lui a permis de fournir des indications plus complètes que celles qui figurent dans la *Statistique annuelle*. C'est ainsi que les tableaux relatifs aux naissances donnent notamment, pour Paris : les naissances d'enfants vivants et de morts-nés (embryons in-

---

plus ordinairement, depuis Auguste Comte, mais un peu abusivement, dynamique sociale. Nous avons, dans un ouvrage antérieur, donné les raisons générales qui conduisent à distinguer en sociologie le point de vue statique et le point de vue dynamique, et à les employer tour à tour (*Philosophie des sciences sociales*, t. I, chap. x, §§ I et II).

clus) par sexe, par filiation et par quartier, selon le domicile de la mère ; les naissances d'enfants vivants et de morts-nés, avec leur sexe, selon l'état civil et l'âge de la mère ; les enfants légitimes nés vivants et les morts-nés légitimes (embryons compris), avec leur sexe, suivant les âges respectifs des époux et la durée du mariage (parents domiciliés à Paris) ; les naissances vivantes et les morts-nés légitimes suivant la différence d'âge existant entre les deux parents (parents domiciliés à Paris) ; les grossesses gémellaires légitimes en fonction avec l'âge de la mère et celui du père, avec les combinaisons sexuelles et l'état de vie des jumeaux ; les grossesses gémellaires illégitimes. Une publication aussi détaillée nous est d'autant plus précieuse qu'elle se poursuit depuis 1880 jusqu'à 1909 inclusivement.

D'autres villes ont suivi l'exemple de la capitale. Lyon édite chaque année depuis 1883 un volume de *Documents*, à l'appui du projet de budget présenté par le maire au conseil municipal. Ces Documents sont d'ordre statistique et renferment un chapitre étendu relatif à la démographie. Les naissances y sont étudiées presque avec le même détail qu'à Paris. Plusieurs autres grandes villes françaises ont un bureau d'hygiène, qui fait paraître un recueil de données, parmi lesquelles il s'en trouve quelques-unes sur les naissances.

Enfin, l'Algérie et les colonies françaises publient aussi leurs statistiques propres. Malheureusement, nous aurons à regretter l'insuffisance en notre matière des statistiques coloniales.

III

Qu'ils soient nationaux ou locaux, les divers recueils que nous venons de signaler ont tous en commun un caractère : ils sont annuels, ou tout au moins périodiques. On conçoit qu'à côté d'eux il en puisse exister d'autres, qui aient au contraire un caractère purement occasionnel, et qui constituent, par exemple, des enquêtes spéciales, une fois faites, sur un point déterminé. Tel est précisément le cas pour un document d'une certaine importance, qui doit être ainsi indiqué.

La loi de finances du 23 avril 1905 a prescrit aux divers ministères de dresser la liste de toutes les fonctions rétribuées sur les budgets de l'Etat, des départements et des communes. Peu de temps auparavant, une des sous-commissions de la commission extraparlementaire de la dépopulation avait demandé qu'il fût fait une enquête officielle sur la situation de famille des fonctionnaires. La disposition de la loi de finances vint permettre de donner satisfaction à ce vœu. Le Ministère du commerce décida de dresser cette statistique générale des fonctionnaires avec indications sur leurs familles. Il chargea le Conseil supérieur de statistique d'en élaborer le plan. Ce fut l'œuvre d'une commission élue par le Conseil et parmi ses membres. Nous avions personnellement l'honneur d'y siéger, à côté de MM. Levasseur, J. Bertillon, Cheysson, Delamotte, Fernand Faure, A. Fontaine, A. de Foville, Yves Guyot, Charles Laurent, March, Malzac, Neymarck et Turquan. La commission dressa pour cette statistique des cadres particulièrement complets : des bulletins individuels devaient être remplis par chaque fonctionnaire, employé ou ouvrier de l'Etat, des départements ou des communes ; une partie des indications qu'ils demandaient étaient de nature à éclairer le gouvernement et le Parlement sur la situation administrative et budgétaire [de l'intéressé ; une autre partie avait surtout un intérêt démographique. Celle-ci devait permettre de résoudre des questions que pour la première fois, en France, la statistique nationale se posait : par exemple, la répartition des sexes entre les enfants d'un même ménage, l'intervalle des naissances entre ces enfants, la succession des décès et des naissances d'enfants. Tous les ministères étaient priés de faire remplir ces bulletins par leurs ressortissants. Ils n'y mirent pas tous un égal empressement ; certains même s'y montrèrent réfractaires. On dut attendre les retardataires, et procéder à des dépouillements partiels. Un premier permit de donner les résultats concernant plus de 1.600 employés des administrations centrales des ministères et plus de 10.000 ouvriers de la ville de Paris. Il parut en 1908, dans les *Rapports au Conseil supérieur de statistique*, sous le titre de *Rapport préliminaire de la commission de la statistique des fonctionnaires*. Il a mis en lumière d'intéressants résultats, que nous retrouverons, notamment sur la relation des sexes chez les enfants successifs d'un même couple. Il est grandement à désirer que la fin de cette enquête, s'appliquant à un nombre de personnes beaucoup plus considérable encore, puisse être publiée dans un délai assez rapproché. Dès maintenant, de nouveaux rapports présentés au Conseil supérieur au nom de la commission ont fait connaître une partie de ses résultats, dont on verra quelques-uns relatés dans notre travail.

IV

C'est uniquement sur la France que portent les recherches statistiques énumérées jusqu'ici. Bien entendu, dans les pays étrangers, et surtout dans les plus avancés d'entre eux, il en a été entrepris d'analogues. L'ensemble des documents édités par les différents Etats, sur le mouvement de leurs populations respectives, forme une masse extrêmement considérable. Le besoin d'une synthèse pour tous ces travaux analytiques isolés, se faisait grandement sentir. Ce furent d'abord des hommes de science qui en prirent l'initiative. En 1865, Quetelet et Heuschling publiaient à Bruxelles un essai de statistique internationale de la population. Le Dr Berg en donnait un autre à Stockholm en 1875. E. Levasseur dressait en 1886 une statistique de la population des diverses contrées dans le *Bulletin de l'Institut International de statistique*. M. L. Bodio y faisait paraître, à partir de 1894, ses *Confronti Internazionali*. En 1899, le Dr J. Bertillon y donnait une statistique internationale des recensements. Cette œuvre passa ensuite dans le domaine des bureaux de statistique officiels. Le Service de la statistique générale de la France eut le mérite d'entreprendre et de mener à bonne fin un travail récapitulant tout ce qui avait été fait d'important jusqu'alors dans ce domaine pour les divers pays. Grâce aux renseignement fournis par les services statistiques de presque tous les Etats, il put faire paraître, en 1907, une *Statistique internationale du mouvement de la population d'après les registres d'état civil*, qui forme un volume d'environ neuf cents pages et réunit un nombre de données extrêmement étendu dans l'espace et dans le temps. On y trouve notamment les tableaux, très précieux pour nous, des rapports numériques entre les naissances masculines et les naissances féminines, pour presque tous les pays d'Europe et même pour les colonies australiennes, en remontant dans le passé aussi haut que possible. Ces tableaux sont accompagnés d'un texte. Et, dans le corps du volume, il se trouve aussi nombre d'indications qui, bien qu'afférentes en principe à un autre ordre d'idées (par exemple, à la mortalité infantile) peuvent être utilement rapprochées de celles dont nous avons surtout à nous occuper et servir avec elles de matériaux pour une construction unique.

V

Les chiffres qu'on lira dans la présente étude, et que notre œuvre propre aura été de réunir et d'interpréter, sont tous tirés des documents dont on vient de voir l'énumération. Nous ne nous croirons pas tenu de renvoyer, pour chacun d'eux, à sa source propre : autrement il faudrait presque autant de notes que de chiffres. Mais il sera toujours facile de contrôler nos dires. Les indications contenues dans notre texte suffiront pour déterminer aisément le recueil dont chaque chiffre est extrait; comme ce chiffre est toujours accompagné d'une date, on saura par là même quel est le volume à consulter dans l'ensemble du recueil; enfin la page du volume pourra être trouvée sans effort, nos publications statistiques ayant toutes des tables de matières très complètes et très claires.

Il nous reste seulement à rendre ici hommage aux hommes de science qui ont, avant nous, tenté d'élucider le difficile sujet auquel nous allons nous attacher. A. Quetelet l'a posé remarquablement, dès 1835, dans son beau livre intitulé : *Sur le développement des facultés de l'homme, ou essai de physique sociale.* Le Dr Adolphe Bertillon l'a traité avec une exceptionnelle compétence, dans une section de son article *Natalité* du Dictionnaire encyclopédique des Sciences Médicales, dirigé par le Dr Dechambre. Il y faut rattacher quelques fragments de ses articles *Morti-natalité* et *Mortalité* insérés dans le même recueil. Quoique datant des années 1875 et 1876, ces articles n'ont rien perdu de leur valeur. Nous citerons encore quelques pages excellentes consacrées à la question par notre regretté maître E. Levasseur, dans le tome II de son grand ouvrage sur *La Population Française* paru en 1891. Tout ce qui a été écrit ou se dit en France sur notre sujet nous paraît tiré, directement ou indirectement, de l'un ou l'autre de ces trois auteurs.

La même question a été l'objet, en Allemagne, de discussions étendues. Les travaux de Düsing en cette matière sont particulièrement à citer. On verra un résumé de ces débats, ainsi que les données statistiques berlinoises les plus récentes, dans un ouvrage du Dr Arthur Grünspan intitulé *Zur Frage des Geschlechtsverhaeltnisses der Geborenen.* La base des écrits des auteurs allemands étant principalement les statistiques de leur pays, leurs études n'ont eu pour nous qu'une valeur de suggestion.

Dans deux recueils de fondation assez récente on trouvera, outre des mémoires originaux, une bibliographie complète des études contemporaines, tant statistiques que biologiques, sur notre problème. L'une de ces revues est anglaise ; elle porte le nom de *Biometrika* ; elle a été fondée par Sir Francis Galton, et elle a aujourd'hui comme rédacteur en chef le professeur Karl Pearson (1). L'autre est allemande ; elle s'intitule : *Archiv für Rassen-und Gesellschaftsbiologie*, et elle paraît sous la direction du Dr A. Plœtz, de Munich (2). De même, on possède une revision générale et critique des données et des systèmes sur la matière, dans un récent ouvrage d'un auteur italien, le professeur Corrado Gini : *Il sesso del punto de visto statistico*.

Indiquons enfin, au lecteur désireux de poursuivre de semblables travaux, où il pourra en trouver réunis les éléments. A Paris, les bibliothèques des grands établissements d'enseignement et des principales sociétés savantes (entre autres, de la Société de statistique et de la Société d'anthropologie) renferment certaines des publications dont nous avons fait usage. Nous avons travaillé surtout aux bibliothèques du Service de la statistique générale de la France (97, quai d'Orsay), du bureau de statistique de la ville de Paris (1, avenue Victoria) et du laboratoire d'évolution des êtres organisés à la Faculté des sciences de l'Université de Paris (3, rue d'Ulm). C'est pour nous un agréable devoir de remercier les chefs de ces divers services, M. Lucien March, le Dr Jacques Bertillon, le professeur Maurice Caullery, de l'accueil obligeant que nous avons reçu de leur part.

(1) Cambridge.
(2) Leipzig et Berlin, Teubner.

DEUXIÈME PARTIE

La loi fondamentale.

—

CHAPITRE III

Supériorité des naissances masculines.

Sommaire. — I. *Généralité et mesure de ce phénomène chez les enfants nés vivants. — II. Sa généralité et sa mesure chez les enfants morts-nés.*

I

Lorsqu'on dépouille les documents que nous venons d'énumérer et de décrire, et lorsqu'on les interroge sur la question du rapport numérique des sexes, on se trouve en face d'une constatation générale, pour ainsi dire invariable : c'est que, en France, les naissances masculines l'emportent notablement sur les naissances féminines. Ainsi, pour la dernière période quinquennale, on trouve les chiffres suivants (1) :

(1) Les premiers figurent dans la *Statistique du mouvement de la population pour 1906*. Les suivants sont encore inédits. Ils

Années	Naissances masculines	Naissances féminines
1906	411.311	395.536
1907	395.045	377.636
1908	405.460	386.718
1909	393.109	376.456
1910	395.669	378.721

Ce sont là les chiffres totaux, donnés par les registres des naissances, pour les enfants *nés vivants* dans l'ensemble de la France continentale (Corse comprise, Algérie et colonies non comprises).

On a l'habitude, en statistique, de rapprocher le chiffre des naissances masculines du chiffre des naissances féminines, pour la même année ou pour le même groupe d'années, en une expression simplifiée. Quatre procédés d'expression peuvent être ici employés. On peut, en effet, chercher, à son gré :

1° Combien, sur un total de cent enfants, il naît de garçons ;

2° Combien, sur un total de cent enfants, il naît de filles ;

3° Combien il naît de filles pour cent garçons ;

4° Combien il naît de garçons pour cent filles.

En pratique, ce n'est guère que le premier et le quatrième de ces procédés qui sont d'un usage courant. Le premier est usité en Angleterre. Le rapport qui en dérive est connu sous le nom de *sex ratio*. Le chiffre ainsi obtenu pourrait varier de 1 à 100. Mais il est plus usuel de le diviser par 100, ce qui fait qu'il se présente sous la forme d'une fraction variant de 0,01 à 1.

nous ont été obligeamment communiqués par M. Michel Huber, statisticien au Service de la statistique générale de la France.

En France, en Italie, en Allemagne, on préfère le quatrième procédé. Le rapport qui en dérive est de la forme $\frac{104,5}{100}$. Plus simplement, on se borne d'ordinaire à énoncer le numérateur, seul variable, de la fraction, et on écrit 104,5. C'est ce que nous proposons d'appeler le *coefficient de masculinité* ou *taux de masculinité*. Ce mode d'expression est celui que nous adopterons en cette étude.

Appliquons-le donc dès maintenant aux données qui viennent d'être indiquées. Pour les cinq années 1906 à 1910, nous trouvons un coefficient moyen de 104,46. L'excédent des naissances masculines est donc sensible.

Mais on doit naturellement se demander si c'est là un fait général. Nous venons de voir que l'excédent existe en France pour les cinq dernières années. Qu'en était-il antérieurement ? La statistique nous permet de remonter jusqu'au début du xix° siècle. Elle prouve que, dans le passé, le même phénomène se produisait déjà, et même avec plus d'ampleur. Notre coefficient a été calculé année par année, et ses moyennes quinquennales ont été établies, à la fois par les statisticiens officiels et par un homme d'étude indépendant. Nous reproduisons plus loin le tableau de ces moyennes quinquennales (1). Il montre de la façon la plus complète que le coefficient de masculinité a toujours été, depuis plus d'un siècle, supérieur à 100, et que même il l'a été d'autant plus qu'on s'éloigne davantage du temps présent. Parti d'environ 107 vers 1800, il tombe à 106 vers 1840, à 105 vers 1870, à 104 vers 1900. Le fait actuel, loin d'être exceptionnel, est donc un fait constant, et il est même certainement l'atténuation d'un état antérieur plus accentué.

(1) Voir chapitre vi, § I.

La généralité d'un fait peut s'entendre d'une autre façon encore. Au lieu de chercher s'il est constant dans le temps, cherchons s'il est constant dans l'espace. Se produit-il dans chacune des fractions de la population française ? ou bien est-il propre à quelques-unes d'entre elles, qui pèseraient sur la moyenne par leur haut coefficient ? Examinons cette question sous différents aspects. On peut décomposer les naissances françaises d'au moins trois façons précises numériquement : 1° par départements ; 2° par l'importance de l'agglomération où elles se produisent (campagnes, villes, capitale) ; 3° selon la filiation (légitime, naturelle, avec ou sans reconnaissance). Nous étudierons en détail, un peu plus loin, les résultats de cette décomposition. Mais dès maintenant nous pouvons en donner ici un aperçu général. Tous les départements français, sauf un très petit nombre (trois en 1907) montrent un excédent des naissances masculines, à des degrés divers (1). Les trois groupes rural, urbain et « métropolitain », le présentent, tout en offrant entre eux des distinctions significatives (2). Enfin les trois formes de filiation le manifestent, avec des inégalités, dont nous aurons à chercher le sens et à montrer la valeur véritable (3). En un mot donc, l'excès de mâles est un fait constant dans toutes les fractions numériquement appréciables de la population française actuelle, bien que son taux ne soit pas le même pour elles toutes.

L'on a le moyen d'aller plus avant. Dans l'espace, on peut sortir des frontières de notre pays, et l'on constatera le même fait à l'étranger. Nous étudierons plus loin un

(1) Voir chapitre ix, § I.
(2) Voir chapitre vii, § II.
(3) Voir chapitre viii.

tableau qui résume les données relatives aux divers pays d'Europe, pour les périodes les plus voisines possible de l'année 1900 (1). Dans tous, le coefficient de masculinité est supérieur à 100. Même, dans tous, sauf en Angleterre, il est plus élevé qu'en France. Sans vouloir anticiper sur les explications que nous donnerons au siège de la matière, constatons qu'on peut tirer, de cette comparaison de la France avec les pays étrangers, une conclusion analogue à celle que nous tirions tout à l'heure de la comparaison de l'état actuel avec le passé dans notre pays. Le phénomène que présente la France est très répandu, et il est plutôt l'atténuation des phénomènes qui se constatent au dehors.

A la rigueur même, on pourrait dépasser les limites dans lesquelles nous venons de nous enfermer. Dans le temps, on pourrait remonter au xviiiᵉ siècle, où d'intéressants essais de statistique démographique ont été tentés par des écrivains estimables, en France et en Angleterre. Dans l'espace, on pourrait sortir de l'Europe et demander des documents, par exemple, aux statistiques officielles des diverses colonies anglaises qui forment aujourd'hui l'Union-australienne. On constaterait, une fois de plus, que l'excès des naissances masculines est un fait général, et d'autant plus accentué qu'on s'éloigne plus des conditions de notre propre milieu. Mais tenonsnous-en, pour le moment, aux frontières que nous avons nous-même posées, où la comparaison est possible d'une façon plus directe et, par là même, plus précise et plus instructive.

(1) Voir chapitre vii, § I.

II

En tout ce qui précède, nous nous sommes référé uniquement au sexe des enfants nés vivants. Mais il ne faut pas oublier que, à côté d'eux, il a été engendré des enfants morts-nés. Si le nombre de ceux-ci est heureusement moindre (puisqu'il y a environ un mort-né pour vingt nés vivants en France), leur cas n'en est pas moins intéressant à considérer pour la question qui nous occupe.

Eh bien ! les morts-nés présentent le même phénomène que les enfants nés vivants, et même ils le présentent avec une singulière exagération. Voici, en effet, parmi eux les chiffres respectifs de garçons et de filles pour les dernières années (1) :

Années	Garçons	Filles
1906	21.507	15.819
1907	21.143	15.622
1908	21.460	16.076
1909	20.747	15.329
1910 . , ...	20.446	15.563

Le coefficient de masculinité, calculé comme précédemment, est en moyenne, pour ces quatre années, de 134,29 alors qu'il était seulement de 104,46 pour les nés-vivants. On peut donc dire, en somme, que, chez les morts-nés, il se trouve plus de quatre garçons pour

(1) Mêmes sources que pour les nés vivants de cette période.

trois filles, tandis que chez les nés-vivants il y a moins de vingt et un garçons pour vingt filles.

Est-ce un fait particulier au temps présent? Point du tout. Nous donnons ci-après le tableau qui résume l'histoire du coefficient de masculinité chez les morts-nés en France (1). On remarquera, par la comparaison des périodes quinquennales, que, depuis 1851-55, ce coefficient n'a cessé de décroître, sauf deux légers relèvements en 1876-80 et en 1901-05. Il est tombé en 60 ans (de 1841-45 à 1901-05) de 145 à 135 environ. Donc le très grand excès de mâles chez les morts-nés est un fait qui, en France, date de loin, et qui était même sensiblement plus prononcé autrefois qu'aujourd'hui.

Faisons maintenant pour le total des morts-nés français les mêmes décompositions que nous avons faites pour les nés-vivants. Voici ce que nous constatons :

1° Par départements, l'épreuve est assez peu probante. En effet, le chiffre des morts-nés dans chaque département est trop faible pour qu'on en puisse tirer des conclusions fort démonstratives. Néanmoins, en 1905, dans 70 départements, on constatait un excès de mâles parmi les morts-nés. Il y avait égalité des deux sexes dans 4 départements, et il y avait un léger excès de filles dans 13 autres. Mais celui-ci était compensé par le fait que l'excès de garçons était extrêmement grand en certaines régions. Ainsi, dans les Côtes-du-Nord, on trouvait 21 garçons parmi les morts-nés, contre 6 filles seulement. Le coefficient de masculinité se serait vu là singulièrement relevé, si les règles d'une bonne méthode n'interdisaient de le calculer pour d'aussi petites séries. — En 1906, il y avait excès de garçons pour 86 départements. Seul, le

(1) Voir chapitre vi, § II.

Vaucluse donnait 128 garçons contre 130 filles. En revanche, les Bouches-du-Rhône comptaient 926 garçons contre 246 filles seulement.

2° Par habitat, les chiffres sont plus nets. Le coefficient a pu être calculé — parce qu'il s'agit de groupes plus étendus que précédemment — pour la population rurale, pour la population urbaine, pour le département de la Seine (1). Toujours il s'est trouvé extrêmement supérieur à 100. Ainsi, en 1906, il était de 139 pour le premier de ces groupes, de 137 pour le second, de 119 pour le troisième, alors qu'il était, en moyenne, de 136 pour la France entière (2).

3° Par mode de filiation, on trouvait, en cette même année 1906, parmi les morts-nés légitimes : 18.515 garçons contre 13.599 filles ; et parmi les illégitimes : 2.992 garçons contre 2.220 filles (3) ; les coefficients respectifs sont de 136,1 et de 134,7.

En somme donc, l'excès de mâles chez les morts-nés est un fait à peu près constant dans les divers éléments de la population française (4), et il y est, le plus ordinairement, caractérisé par un taux numérique bien plus élevé que chez les nés vivants.

Il reste à examiner le même problème à l'étranger. Nous donnerons plus loin (5) un tableau de chiffres à cet

(1) Voir chapitre vii, § II.
(2) *Statistique annuelle du mouvement de la population pour les années 1905 et 1906*, page xxx.
(3) *Ibid.*, page 11.
(4) On peut supposer que là où on ne le constate pas, ce fait est dû à la défectuosité de cette statistique spéciale (voir chapitre ii, § I.)
(5) Voir chapitre vi, § III.

égard. Constatons seulement, quant à présent, que, pour tous les Etats européens sans exception, le coefficient s'y révèle fort supérieur à 100, et fort supérieur même au coefficient des nés-vivants pour le même pays. Il varie d'ailleurs de nation à nation, dans des limites plus larges que pour les nés-vivants. On peut suivre son évolution dans la seconde moitié du XIXᵉ siècle. Elle marque généralement une baisse. Si les constatations ne présentent pas autant de fixité en ce qui le concerne qu'en ce qui regarde le coefficient des nés-vivants, c'est qu'il est établi sur une base beaucoup moins large, et partant beaucoup moins stable. Mais toujours, dans le temps comme dans l'espace, il reste notablement supérieur à 120, là même où il est le plus bas.

Ainsi un fait général se dégage des relevés qui précèdent. L'excès des garçons sur les filles se rencontre parmi les morts-nés comme parmi les nés-vivants, et il est même beaucoup plus grand chez ceux-là que chez ceux-ci. Comment expliquer cet écart ? Nous le tenterons bientôt (1) et l'essai d'interprétation sur ce point constituera même une des bases de la théorie générale que nous émettrons sur la signification du rapport numérique des sexes. Mais cet essai ne pourra être utilement fait que lorsque l'examen d'un nouvel ordre de phénomènes nous aura montré la vraie nature de la morti-natalité. C'est justement à cet ordre que nous allons passer.

Avant de l'aborder, bornons-nous à rappeler que, quel que soit l'écart entre le coefficient de masculinité chez les nés-vivants et ce coefficient chez les morts-nés, un trait leur est commun : pour les deux groupes, le coefficient dépasse 100. Dans le total de la natalité française,

(1) Voir chapitre IV.

dans ses diverses subdivisions, dans son passé, et aussi à l'étranger, on constate normalement qu'*il est engendré plus de garçons que de filles*. C'est là le premier grand fait à retenir, le premier élément de la loi scientifique à formuler.

CHAPITRE IV

Supériorité des existences féminines.

Sommaire. — I. *Généralité de ce phénomène.* — II. *Sa conciliation avec le précédent, par la plus grande mortalité des mâles.*

I

L'examen des registres de naissance et la statistique annuelle du mouvement de la population, fondée sur eux, nous ont montré la supériorité constante des naissances masculines sur les naissances féminines. Tournons-nous maintenant vers l'autre source d'informations, vers les recensements périodiques de la population française. Ceux-ci vont nous faire voir un autre fait non moins important, non moins général, mais directement opposé au premier : la supériorité constante des existences féminines sur les existences masculines.

Nos recensements s'opèrent tous les cinq ans, à un jour donné. Ils embrassent donc l'ensemble de la population se trouvant ce jour-là sur notre territoire. Entre autres indications, ils donnent pour chaque habitant recensé celles du sexe, de l'âge, de la nationalité. Or, invariablement, depuis de longues années, le total des femmes s'y montre supérieur à celui des hommes. En effet, si nous envisageons les chiffres fournis par les recensements effectués depuis quarante ans, en observant qu'on a fait en 1872 celui que les événements avaient rendu impossible en 1871, nous voyons qu'ils sont les suivants (1) :

Années	Hommes	Femmes
1872	17.982.511	18.120.410
1876	18.373.639	18.532.149
1881	18.656.518	18.748.772
1886	18.900.312	19.030.049
1891	18.932.354	19.201.031
1896	18.922 651	19.316.360
1901	18.916.889	19.533.899
1906	19.099.721	19.744.932

Ainsi, le nombre des femmes apparaît, en ces dernières années, comme excédant d'un demi-million environ celui des hommes.

A vrai dire, ce tableau appelerait quelques remarques. D'abord, il ne peut tenir compte que des Français habitant la métropole. Or, il y a un assez grand nombre de nos compatriotes à l'étranger et aux colonies. La plupart de ceux-ci sont du sexe masculin. Aux colonies, les soldats, les fonctionnaires, et le plus souvent les colons ne peuvent, surtout pour des raisons climatériques, amener leurs femmes. A l'étranger, bien qu'il y ait des familles

(1) Ces chiffres ont été réunis, pour 1872 à 1901 inclus, dans les *Résultats statistiques du recensement général du 24 mars 1901*, tome IV, page 12. Ceux de 1906 figurent dans les épreuves du volume correspondant du recensement général du 4 mars 1906, non encore publié ; on a bien voulu nous les communiquer au Service de la statistique générale.

et des couples qui s'expatrient, on rencontre aussi des Français célibataires ou isolés, et ce sont plus souvent, semble-t-il, des hommes que des femmes. L'écart de nos deux colonnes serait donc diminué de ce fait, sur lequel, malheureusement, on n'a pas de données statistiques précises.

Puis, après l'émigration des Français au dehors, il faudrait noter l'immigration des étrangers en France. Celle-ci est numériquement plus importante encore que l'autre. Le recensement du 4 mars 1906, le dernier dont les résultats soient connus, signalait la présence sur notre territoire métropolitain de plus d'un million d'étrangers, dont 554.064 hommes et 492.841 femmes. Presque tous étaient nés à l'étranger : car aujourd'hui, en vertu de notre loi du 25 juin 1889 sur la nationalité, les enfants nés en France d'étrangers sont conditionnellement Français ; ils comptent comme Français dans nos statistiques. L'excédent des immigrants sur les immigrantes balance sans doute l'excédent de nos émigrants sur nos émigrantes, et les conclusions à tirer du tableau restent ainsi à peu près exactes. En d'autres termes, l'écart qui résulte de ce tableau entre les deux sexes se retrouverait sensiblement le même, si, au lieu d'envisager (comme l'a fait ce tableau) les habitants de la France quelle que soit leur nationalité, on envisageait les nationaux français quel que soit le pays où ils résident.

Donc, pour la France, on constate un excédent considérable de population féminine. En est-il de même dans les autres pays ? Il semble bien qu'il en soit ainsi, dans le plus grand nombre des cas. A cet égard, un tableau a été dressé par la statistique officielle d'après les résultats des recensements faits dans les différents États à des dates aussi voisines que possible les unes des

autres, et toutes choisies presque à l'expiration du
xixᵉ siècle (1). Nous en extrayons les données suivantes :

Pays et années	Hommes	Femmes
Royaume Uni, 1901	20.102.408	21.356.313
Belgique, 31 décembre 1900 .	3.324.834	3 368 714
Espagne, 31 décembre 1900. .	9.087.221	9.530.205
Italie, 1901.	16 155.130	16.320 123
Autriche-Hongrie, 31 déc. 1900.	22.434.845	22.970 422
Empire Allemand, déc. 1900.	27.737.247	28.629.931
Russie d'Europe, 1897. . . .	45.749.575	47.693 299

Dans tous ces pays, il y a, comme en France, un notable excédent de femmes. L'écart entre les deux sexes
s'y montre souvent assez analogue à ce qu'il est dans
notre patrie. S'il est nettement supérieur dans l'Empire
Allemand et surtout dans le Royaume-Uni (Angleterre,
Galles, Ecosse et Irlande) cela doit tenir au fort contingent d'hommes que ces deux nations envoient, l'une à
l'étranger, l'autre dans ses colonies.

Il est vrai que, d'un autre côté, il est des pays qui,
d'après ce même tableau et à des dates voisines, présentent un excédent de population masculine. Ce sont :

1° L'Alsace-Lorraine, sans doute à cause de l'immigration masculine allemande (soldats, fonctionnaires, etc...);

2° Le grand-duché de Luxembourg ;

3° Les États balkaniques : Grèce, Bulgarie, Serbie, Roumanie (la Turquie n'a pas été recensée), probablement
par suite de l'extraordinaire excédent de naissances
masculines qui caractérise leur natalité ;

4° Les États-Unis d'Amérique (38.816.448 hommes,

(1) *Annuaire statistique*, 27ᵉ volume, 1907, appendice, p. 157 *.

contre 37.178.127 femmes au 1ᵉʳ juin 1900), apparemment
en raison d'un afflux d'immigrants surtout masculins ;

5° Les États australiens, pour la même cause vraisemblablement ;

6° Le Japon.

On voit que nous n'avons voulu éliminer aucune des
exceptions à ce que nous considérons comme la règle.
Mais on voit aussi que la plupart s'expliquent par des
causes qui font ressortir ce que leur cas a d'anormal. Il
reste donc que, dans la majorité des pays en équilibre,
dans ceux qui sont directement comparables au nôtre,
le nombre des femmes excède, le jour du recensement,
celui des hommes. Et ce résultat n'est pas vrai seulement
pour le recensement le plus voisin de la fin du dernier
siècle, dont nous avons donné les chiffres. Il l'est aussi,
d'après le même tableau officiel, pour les recensements
antérieurs, au moins en ce qui concerne la population
comprise entre 15 et 59 ans (1). Le fait ainsi constaté a,
par là, une double généralité, dans le temps et dans l'espace. Nous le résumerons en disant que normalement
il existe moins d'hommes que de femmes.

Cette proposition fait directement antithèse à cette
autre, à laquelle nous étions arrivé à la fin du chapitre
précédent : normalement, il est engendré plus de garçons que de filles. Elles sont pourtant vraies toutes les
deux à la fois : les constatations répétées et concordantes
de la statistique l'établissent avec certitude. Il faut donc
qu'il y ait quelque moyen de les concilier, de résoudre
leur apparente opposition. Cherchons le fait qui les
mettra d'accord.

(1) *Ibid.*, page 138 *.

II

Pour établir la supériorité des naissances masculines, nous avions décomposé le phénomène en ses éléments. Ne serait-il pas instructif aussi de faire une semblable décomposition pour la supériorité des existences féminines ? Sans doute ; mais ici, le principe de la distinction va changer. On ne peut plus s'attacher aux mêmes critères que précédemment. Car le cours de la vie bouleverse les cadres dans lesquels on faisait entrer les individus à la naissance. Nous savons combien il naît d'enfants de chaque sexe : 1° par départements ; 2° à la campagne, à la ville, dans la capitale ; 3° légitimes et illégitimes. Nous pouvons bien encore savoir comment les sexes se répartissent, dans la population existant au jour du recensement, suivant les deux premières divisions. Mais cette répartition est sans lien avec celle qui existait au jour de la naissance, en raison des migrations intérieures qui ont fait changer l'habitat d'un très grand nombre de Français. Quant à la question de filiation légitime ou naturelle, il serait désobligeant de la poser aux millions de personnes auxquelles on demande de remplir une fiche de recensement, et on s'exposerait sur ce point à trop de réponses inexactes.

Mais il est un autre mode de décomposition de la population recensée qui va nous être plus utile. On demande en effet, lors du recensement, à chaque habitant son âge, et il ne semble pas, malgré la coquetterie féminine, que les déclarations soient souvent inexactes en cette matière. Puis on fait le total, sexe par sexe, des individus du même âge, et on les dispose en tranches d'âge annuelles et quinquennales. Des tableaux de la population française ainsi divisée par sexe et par âge figurent dans les publications de nos divers recensements. Nous avons examiné particulièrement ceux que comprennent les deux recensements de 1901 et de 1906, pour essayer de dégager la leçon des faits qui s'y trouvent analysés.

Ces faits peuvent se résumer ainsi. D'après le recensement de 1906, il y a un peu plus d'hommes que de femmes dans toutes les tranches d'âge comprises depuis la naissance jusqu'à dix-huit ans. A partir de ce moment, les proportions s'intervertissent, et il y a, pour toutes les tranches d'âge comprises entre dix-huit ans et le décès (sauf pour la tranche allant de 30 à 34 ans), notablement plus de femmes que d'hommes. — D'après le recensement de 1901, les choses sont un peu plus complexes. L'excès de garçons apparaît là chez les enfants nés dans l'année du recensement (c'est-à-dire dans les quelques semaines qui séparent le 1er janvier du jour de ce recensement) et dans l'année précédente. Il se transforme en un léger excédent de filles pour les enfants ayant de 1 à 6 ans. Il reparaît très légèrement chez les enfants de 7 ans, disparaît chez ceux de 8, reparaît chez ceux de 9 à 17. A partir de 18 ans, c'est partout le sexe féminin qui domine. — Si l'on veut synthétiser ces résultats, on constate qu'il y a, dans les deux cas, excès de garçons au début de la vie, excès de filles depuis dix-huit ans, les années comprises entre une et dix-huit donnant des résultats variables. Et comme les écarts en l'un ou l'autre sens ne sont jamais bien grands dans ces années intermédiaires, on peut formuler l'ensemble des résultats, approximativement, de la façon suivante. Le nombre des hommes est plus grand jusqu'à un an que celui des femmes; il lui devient ensuite à peu près égal, dans chaque tranche, jusqu'à dix-huit ans ; au-dessus de cet âge, il lui devient inférieur.

Comment cela s'explique-t-il ? Deux causes seulement peuvent être assignées à la diminution du nombre des hommes : l'émigration et la mort. La première n'opère, en France, que dans une bien faible mesure. Il reste donc que ce soit la seconde qui joue le rôle capital.

Cette déduction peut, du reste, être confirmée par l'observation directe. Nous possédons en effet, dans un document autre que le recensement, dans la statistique annuelle du mouvement de la population, le chiffre des décès qui se produisent chaque année, par âge et par sexe. Examinons donc à cet égard la statistique de 1906, c'est-à-dire de l'année même où a été opéré le dernier recensement sur lequel nous venons de nous appuyer, pour que les données provenant de ces deux sources distinctes soient aussi exactement comparables que possible. Nous trouvons (1) que, pour les enfants de moins d'un an, il est, en 1906, décédé 64.192 garçons et seulement 51.560 filles (2). On sait que la mortalité de la pre-

(1) Voir *Annuaire statistique*, 1907, page 14.

(2) Cela donne un rapport de 124,5 à 100. On a les moyens de décomposer ces nombres, car la *Statistique annuelle du mouvement de la population* indique combien il meurt de garçons et de filles avant 5 jours, de 5 à 9 jours, de 10 à 14, de 15 à 29, d'un mois, de 2 mois, de 3 à 5 mois, de 6 à 8, de 9 à 12 mois. En 1906 (page 97), la proportion des décès masculins aux décès féminins est, pour la première de ces tranches, de 130,6 à 100. Pour la dernière, elle n'est plus que de 113,1, à 100. Les calculs, que nous avons faits également pour les tranches intermédiaires, prouvent que la réduction de l'écart se fait sans régularité. Pour opérer avec une absolue précision, il faudrait, pour chacun de ces âges, déterminer le nombre des enfants des deux sexes restant en vie, fixer le coefficient de la mortalité masculine et ce-

mière année est de beaucoup la plus forte. Pour l'ensemble des enfants de moins de cinq ans, il est, en cette même année, décédé 86.803 garçons et seulement 72.821 filles. Ainsi, dans le premier âge, la mortalité frappe beaucoup plus durement le sexe masculin. Plus tard, les proportions s'intervertissent ; de 5 à 9 ans, de 10 à 14, de 14 à 15, il meurt un peu plus de filles que de garçons. Au contraire, de 20 à 24, et de 24 à 29 ans, il disparaît un peu plus de garçons que de filles. Et ensuite, il décède beaucoup plus d'hommes que de femmes dans chacune des périodes quinquennales qui s'étagent de 30 à 69 ans. La mort a fait alors tant de vides dans les rangs masculins que l'égalité se rétablit de 70 à 74 ans, et que les décès féminins prédominent forcément au-dessus de ce dernier âge. Il ne nous appartient pas, dans un travail qui n'a pas pour objet la mortalité, de pousser plus loin notre enquête sur ce point. Bornons-nous à constater que, dans l'ensemble, à tous les âges, sauf de 5 à 19 ans et à partir de 70, la mortalité masculine présente toujours un excédent, et parfois un excédent considérable, sur la mortalité féminine.

Ces résultats sont confirmés par ceux des années voisines. Ils le sont aussi par ceux des pays voisins. En Prusse, en Autriche, en Angleterre, on voit, dans les tranches d'âges successives, le chiffre relatif des hommes décroître, par rapport à celui des femmes, suivant une progression analogue ; en Hongrie et en Italie, il est vrai, le premier demeure toujours, au contraire, supérieur au second. Un auteur allemand, le Dr Arthur

lui de la mortalité féminine pour cette tranche, et chercher le rapport de ces deux coefficients. Ces calculs très longs sont ici sans grand intérêt.

Grünspan, a fait récemment cette comparaison (1). Au moyen de tables de mortalité tirées des statistiques les plus voisines de 1900 — pour la France, des statistiques de 1898 à 1903 (2) — il a dressé des coefficients de masculinité pour chaque âge. Voici ses chiffres en ce qui concerne la France.

A la naissance	104,1
De 0 à 9 ans	101,0
De 10 à 19 ans	100,8
De 20 à 29 ans	100,6
De 30 à 39 ans	100,1
De 40 à 49 ans	98,0
De 50 à 59 ans	93,9
De 60 à 69 ans	88,2
A 70 ans et plus	76,7

Ainsi le fait de la réduction plus forte des effectifs masculins par la mort est, pour notre pays, parfaitement établi. Il trouve d'ailleurs une confirmation frappante dans le phénomène relevé au second paragraphe de notre dernier chapitre. Nous y avions vu que chez les morts-nés, le rapport des garçons aux filles est très élevé, beaucoup plus considérable que chez les nés-vivants. Ce phénomène va pouvoir maintenant s'expliquer, très simplement, par sa coïncidence avec nos dernières constatations. La morti-natalité, si elle est une forme de la natalité, est aussi une forme de la mortalité. Elle se rapproche, à cet égard, de la mortalité infantile, surtout de la mortalité du premier âge. Or, nous venons de remarquer que, dans les cinq premières années, et surtout

(1) *Zur Frage des Geschlechtsverhaeltnisses der Geborenen*, p. 20.
(2) Cette table est donnée dans la *Statistique internationale du mouvement de la population*, 1907, page 550.

dans la première année, il y a un grand excès de mortalité masculine. La morti-natalité présente le même caractère amplifié. Avant naissance, il meurt 135 garçons pour 100 filles ; dans la première année, il meurt 124 garçons pour 100 filles ; dans les quatre années suivantes, il meurt 107 garçons pour 100 filles (1), tandis qu'ensuite l'excédent des décès se trouve du côté féminin. Il y a une parfaite continuité entre ces divers phénomènes. Ils se résument tous dans le fait suivant : le taux de la mortalité masculine comparée à la mortalité féminine est extrêmement élevé immédiatement après la procréation, dans la vie intra-utérine ; il se réduit aussitôt après la naissance, mais pour rester encore considérable ; il va décroissant ensuite progressivement jusqu'à vingt ans environ. C'est donc surtout au début que l'homme est, par rapport à la femme, le plus exposé. A ce moment, il est loin de constituer encore « le sexe fort ». La morti-natalité est le premier et le plus actif réducteur de l'excédent des mâles ; la mortalité infantile en est le second.

Que conclure de tout cela ? C'est que nous avons maintenant le fait intermédiaire que nous cherchions tout à l'heure. Nous avions constaté, d'une part, la supériorité des naissances et surtout des procréations masculines ; d'autre part, la supériorité des existences féminines. La possibilité de leur concomitance s'explique, actuellement, par la supériorité des décès masculins. En somme donc, nous arrivons à une formule qui synthétise cette thèse et cette antithèse et qu'on peut considérer comme récapitulant tous les phénomènes observés jusqu'ici. Voici, dans

____

(1) Ces rapports sont tirés des chiffres donnés plus haut.

sa complexité, cette loi fondamentale : *normalement, il est procréé, en notre pays, bien plus de garçons que de filles, mais, comme il en meurt aussi beaucoup plus, il se trouve toujours moins d'hommes que de femmes au total à un moment quelconque.*

CHAPITRE V

Essai d'interprétation.

I

Les faits les plus importants en notre matière viennent d'être condensés en une loi générale. Y a-t-il lieu de chercher au delà ?

A coup sûr, une loi, expression d'une relation constante entre des phénomènes, a par elle-même son prix pour la science. Toutefois, c'est une tendance inhérente à notre esprit de vouloir remonter toujours plus haut dans la série des causes, et de chercher aux lois mêmes des explications. Il faut sans doute procéder avec beaucoup de prudence en une semblable investigation, éviter surtout l'hypothèse aventureuse et le recours aux entités métaphysiques. Il faut aussi savoir avouer son ignorance et distinguer avec soin, dans les théories que l'on est amené à émettre, le certain, le probable, le possible. Mais, à ces conditions, la voie reste ouverte et nous avons le droit de nous y engager.

Les deux faits capitaux à expliquer sont : la natalité supérieure des mâles et leur mortalité supérieure. On sent bien que toute théorie cohérente devra vouloir en rendre raison, par exemple en les rattachant tous deux à une cause initiale, dont ils seraient à titre égal les effets. En peut-on trouver une semblable ?

Ecartons d'abord du débat certains éléments accessoires. A la plus grande mortalité des mâles, concourent divers facteurs qu'il ne faut énumérer que pour les éliminer aussitôt. En premier lieu, par le fait seul qu'ils sont plus nombreux à la naissance, on peut s'attendre à ce qu'il en meure plus. Supposons que le taux de la mortalité soit le même pour les garçons et pour les filles. Frappant proportionnellement deux masses inégales, il enlèvera chaque année plus d'éléments à la plus forte. Par ce seul fait, elles finiraient un jour, logiquement, par être ramenées au même niveau, pourvu que ce taux fût assez élevé. — En second lieu, il existe incontestablement des facteurs « hystérogènes », comme on dit quelquefois, c'est-à-dire non primordiaux, qui relèvent le taux de mortalité des hommes, comparé à celui des femmes. C'est ainsi que l'exercice des professions dangereuses, lequel est presque exclusivement le fait de l'homme, opère en ce sens d'une façon très importante. Et c'est pourquoi ce relèvement comparatif s'opère si notablement à partir de la vingtième année. Il est vrai que, chez les femmes, une cause spéciale de mortalité intervient vers le même âge : c'est la maternité. Mais on sait aujourd'hui lutter très efficacement contre les périls que l'accouchement fait subir à la mère, et les morts en couches ou par suite de couches ont, en notre pays, beaucoup diminué dans ces dernières années. Il semble donc logique de croire que les deux sexes se trouvent, au cours de l'existence; assez inégalement exposés, et que c'est le sexe masculin qui l'est sensiblement le plus.

Mais le centre du problème n'est pas là. La vraie difficulté, c'est de comprendre pourquoi, *à l'origine*, la mortalité masculine est si fort supérieure à la mortalité féminine. Nous avons vu, en effet, qu'elle est bien plus grande que cette dernière, dans les cinq premières années de l'enfance, surtout dans la première année, et plus encore dans la vie intra-utérine. C'est cette faiblesse *congénitale* du mâle qui est à expliquer.

Eh bien ! il y a une hypothèse qui permet de se rendre compte de cette faiblesse en même temps que de l'excédent des procréations masculines. C'est celle d'après laquelle le sexe mâle provient de conditions nutritives moins favorables que le sexe féminin. Cette hypothèse a été émise bien des fois par des biologistes et nous avons signalé précédemment les principaux travaux où elle est exposée (1). Nous avons vu qu'elle peut être formulée, soit que l'on considère la détermination du sexe comme postérieure à la procréation (théorie épigamique), soit qu'on la regarde comme concomitante à ce phénomène (théorie syngamique), soit qu'on l'y juge antérieure (théorie progamique) Et nous avons même trouvé, chez les auteurs qui admettent cette dernière théorie, deux façons différentes de la présenter : les uns attribuant l'excès de naissances masculines à une alimentation trop peu abondante des parents, un autre (le professeur F. Houssay) l'attribuant plutôt à leur intoxication. Quelle que soit celle de ces interprétations qu'on adopte, ce serait toujours aux conditions nutritives que se rattacherait le détermi-

(1) Chapitre I, § I.

nisme du sexe, et ce serait par une moins bonne nutrition que s'expliquerait la procréation du mâle. La loi biologique en vertu de laquelle la reproduction dérive de la nutrition, trouverait là une application de plus.

Ces idées peuvent-elles être étendues à l'espèce humaine ? Nous ne faisons aucune difficulté pour l'admettre. Car il n'y a point de raison pour que les règles qui dominent toutes les autres espèces animales se trouvent ici en défaut. Il y a même mieux. Le problème ne se voit pas compliqué, pour l'espèce humaine, de la question du choix à faire entre les théories épigamique, syngamique ou progamique. Car ici, à quelque moment que se place la détermination du sexe, ce sera toujours la nutrition des parents qu'il faudra considérer. C'est évident si l'on tient pour l'une des théories progamique ou syngamique. Mais cela reste encore vrai si l'on adopte l'hypothèse épigamique. En effet, pour celle-ci, le sexe de l'enfant humain se détermine dans les premières semaines de la vie intra-utérine. Il dépend de son alimentation. Seulement, celle-ci dérive de l'alimentation de sa mère. Ce serait donc, en cette hypothèse, sur la nutrition maternelle qu'il faudrait agir, si l'on voulait influer sur le sexe de l'enfant. En définitive, la nutrition des auteurs ou au moins de l'un d'eux domine forcément la sexualité du rejeton. Et les analogies tirées des autres espèces animales conduisent toujours à penser que les conditions nutritives favorables mènent à la production du sexe féminin.

Que faut-il entendre au juste par conditions nutritives ? Lesquelles sont favorables ; lesquelles, défavorables ? Il n'est pas extrêmement facile de le préciser dès à présent. Il semble toutefois que deux facteurs doivent entrer en jeu : la quantité des aliments et leur qualité. Pour que les conditions soient favorables, la nourriture devra être ample, d'une part, et saine, de l'autre. Il faudra une suffisante quantité de substances ingérées, et il sera également nécessaire que ces substances soient assimilables, ne soient pas toxiques. Le rôle de chacun de ces deux éléments a pu être, dans certains cas, montré dans la génération des animaux, par les expériences que nous avons résumées au début de ce travail. Pour l'homme, où l'expérimentation ne semble pas actuellement possible, nous citerons bientôt des faits d'observations qui le mettent aussi en lumière.

Dès maintenant, indiquons d'un mot comment cette notion peut nous aider à résoudre le problème posé tout à l'heure. Nous avons vu qu'il est procréé plus de garçons que de filles, et qu'en revanche il subsiste moins des premiers que des secondes. C'est ce que l'on peut fort bien comprendre en partant de l'idée que nous venons d'énoncer. Si le sexe mâle dérive de conditions nutritives défectueuses, c'est, ou bien que les parents ont été peu nourris, ou bien qu'ils l'ont été mal. Dans la première hypothèse, on comprend pourquoi il naît plus de garçons que de filles : c'est qu'une nutrition, qui eût été insuffisante pour déterminer la production d'une fille, a suffi pour amener celle d'un garçon. Et, d'autre part, on ne s'étonne pas que ce garçon, disposant de moins de substances formatrices que n'en aurait une fille, soit moins résistant que ne le serait celle-ci. Dans la seconde hypothèse, on saisit encore plus directement la cause de la fragilité du mâle : elle réside dans les toxines qui altèrent l'alimentation des parents et celle de l'embryon. Et l'on entrevoit encore la cause de sa fréquence : elle tient à ce que l'intoxication des auteurs doit se répercuter sur plus de la moitié de leurs descendants. La première explication paraît plus probante en ce qui concerne l'abondance des mâles ; la seconde, en ce qui regarde leur fragilité. Comme elles ne sont nullement exclusives l'une de l'autre, mais doivent être au contraire combinées, leur juxtaposition explique le phénomène tout entier, sous ses deux faces.

Tout ceci se lie, d'autre part, au principe posé au début de cette étude : l'étroite corrélation des phénomènes biologiques et des phénomènes sociaux. Nous venons d'être amené à penser que le sexe d'un enfant se rattache à la nutrition de ses parents et à la sienne propre. Or, cette nutrition dépend des conditions économiques ; elle varie suivant ce que sont la production, la répartition et la consommation des richesses dans le milieu humain considéré, dans la nation, la région, la classe, la famille auxquelles cet enfant appartient. On devine dès lors combien la solution des problèmes sociaux pourra exercer d'action sur celle du problème, en apparence purement biologique, que soulève la détermination du sexe.

II

Sans insister pour le moment sur ces considérations, auxquelles nous serons amené d'ailleurs à revenir bientôt, signalons ici une autre question, étroitement unie à la précédente.

En démographie, comme dans toutes les études qui concernent le fonctionnement des sociétés humaines, il arrive le plus ordinairement que les auteurs ne se bornent pas à constater les faits, mais qu'ils émettent sur eux des jugements de valeur, c'est-à-dire les qualifient d'heureux ou de funestes, de bons ou de mauvais.

On peut estimer que telle n'est pas la vraie tâche de la science, que le rôle propre de celle-ci doit se borner à observer les phénomènes, à les classer, à en découvrir les causes et les lois. On ferait remarquer, en ce sens, que la science doit viser à l'objectivité, et que, dans les jugements sur le bien et le mal, il se glisse forcément un élément de subjectivité qui leur ôte le caractère de simples constatations, vérifiables et acceptables par tous. Personnellement, nous adhérons volontiers à cette conception, et nous ne serions donc pas fâché de voir disparaître de la démographie toute appréciation sur la valeur des faits. Mais nous devons avouer qu'il faudrait se heurter pour cela à des habitudes établies. Chaque fois, par exemple, qu'un écrivain français parle de la baisse de la natalité dans notre pays, il ne manque pas d'y ajouter une qualification, le plus souvent pour s'en lamenter ou pour la stigmatiser. Aussi ne faut-il pas s'étonner que, partant des mêmes habitudes, les auteurs qui ont étudié le problème dont nous nous occupons ici, celui du rapport numérique des sexes, aient attribué aux faits une épithète, porté sur eux une appréciation. Nous devons brièvement faire connaître leurs vues à ce sujet.

C'est en Allemagne surtout que ces vues ont été expressément formulées. Les auteurs de ce pays considèrent d'ordinaire la supériorité des naissances masculines comme un bien. Ils accordent au « sexe fort » un avantage absolu sur l'autre, et ils estiment que la grandeur d'une nation est surtout liée au nombre des hommes qu'elle renferme. Cela se comprend, étant données les conditions du milieu dans lequel ils vivent : pour son armée, pour son industrie, pour son expansion coloniale, l'Allemagne a besoin de beaucoup de bras robustes, et elle doit donc voir avec satisfaction, non seulement le chiffre absolu de sa population s'accroître, mais aussi le chiffre des naissances masculines y dépasser notablement celui des naissances féminines. On serait assez porté, en ce pays, à indiquer, comme l'une des causes de la prééminence qu'il s'attribue volontiers sur le reste du monde, le taux relativement élevé de sa masculinité.

Les appréciations des auteurs français sont plus réservées. Peut-être est-ce un sentiment de galanterie qui les empêche d'adhérer à la théorie de la priorité des mâles. En tous cas, ils ne l'affirment jamais qu'avec discrétion. Mais on sent que généralement ils y croient et ne sont pas loin de partager l'idée qu'un excès de mâles est un bien pour une nation. L'un d'entre eux, et des plus qualifiés, laisse entendre, en conversation, que la baisse du taux de masculinité qui s'est produite en France depuis un siècle est un signe de l'épuisement et du recul de la race, un symptôme de déplorable dégénérescence.

A nos yeux, poser la question sur un semblable terrain, c'est la mal poser. C'est juger le phénomène par ses conséquences, au lieu de le rapporter à ses antécédents. C'est employer le langage des causes finales, et non celui des causes efficientes. Car c'est parler comme si le sexe des enfants à naître était déterminé par les besoins sociaux, tandis qu'il l'est par les actions qu'ont subies les organismes des parents. Sans doute, il peut être utile à une nation d'avoir beaucoup de mâles; mais comment concevoir que cette utilité soit pour quelque chose dans les influences qui lui donnent des garçons ou des filles? D'ailleurs, un enfant procréé n'est pas forcément un enfant né vivant et viable, et encore moins est-il sûr qu'il donnera un adulte. Or, ce sont les adultes seuls qui im-

portent grandement à la force de la nation. Qu'importe
à un pays, au point de vue de sa puissance militaire, industrielle ou coloniale, qu'il y soit engendré un excès de
mâles, si cet excès disparaît avant la naissance, à la
naissance, ou dans la première enfance? Il est vrai, dit-
on parfois, qu'il faut qu'il en soit engendré un excès,
pour qu'il en demeure une suffisante quantité plus tard.
Mais ne le croyons pas : car si, en procréant moins d'enfants, moins de mâles spécialement, on les procrée plus
solides et plus résistants, on sera arrivé au même résultat, plus économiquement ; si on a diminué la mortalité
dans la même proportion que la natalité, ce sera tout
bénéfice. — Ainsi, voir dans l'excès des procréations
masculines un signe de supériorité ethnique, c'est, nous
semble-t-il, se tromper assez gravement. Car d'abord,
c'est méconnaître les causes déterminantes du phénomène. Et ensuite, c'est lui attribuer des suites qu'il n'aura
peut-être pas. Il y a là une double faute de méthode,
contre laquelle il importe de se prémunir.

Pour nous, s'il fallait donner un avis personnel sur la
question, nous inclinerions plutôt vers le sens opposé à
celui que nous venons d'indiquer. En effet, si la production du mâle dérive d'une nutrition insuffisante ou vi-
cieuse, l'excédent de mâles démontre, dans le pays où il
se produit, l'existence de conditions sociales et biologiques défectueuses. Il est donc, sinon un mal en soi, du
moins le signe d'un état de choses désavantageux. En
admettant qu'il y ait lieu de poser ce problème du caractère « bon » ou « mauvais » d'un pareil fait, c'est la seconde réponse qui nous paraît la plus soutenable. Car
elle se tire de la seule considération des causes efficientes
et de l'application d'un critérium scientifique.

Nous ne méconnaissons pourtant pas qu'il y ait, à cette

façon de voir, une objection sérieuse. L'homme a, en général, plus de vigueur que la femme, aux divers points
de vue physique, intellectuel et moral. Il s'élève d'ordinaire plus haut dans ses créations de toute espèce.
Aussi a-t-on souvent considéré le type masculin comme
« plus évolué » que le type féminin. Mais, si cela est
exact, notre conception n'en est pas ébranlée. C'est peut-
être justement parce que l'homme est placé, à ses débuts, dans des conditions plus difficiles, que son essor
est plus large. Car, contraint à plus d'efforts personnels,
il est par là même incité à acquérir des qualités supé-
rieures. Si la femme naît avec des réserves alimentaires
plus riches, cela facilite son existence, mais cela la dis-
pense d'une activité qui accroîtrait ses facultés et son
rendement. Plus sévère pour l'homme, la sélection lui
est aussi plus utile. Sans doute ici les influences biologiques du début sont masquées par les influences sociales de la suite : le genre de vie des deux sexes conduit l'homme à plus de labeur, donc à plus de progrès ;
mais il est à penser que leur constitution originaire devait déjà mener à ce résultat.

Seulement, comme nous avons eu soin de l'indiquer
précédemment, la théorie qui fait naître le mâle d'une
nutrition imparfaite n'est pas encore définitivement établie. Il reste à chercher si tous les faits la confirment.
Pour le savoir, il nous faut maintenant procéder à un
examen plus minutieux de ces faits, décomposer la masse
sur laquelle nous raisonnons en ses divers éléments, et
pénétrer en chacun d'eux aussi loin qu'il nous sera possible, pour essayer d'apporter à notre tour quelques éléments personnels à la solution du problème scientifique
posé dans cette étude.

TROISIÈME PARTIE

Les lois dérivées.

—

CHAPITRE VI

Variations du rapport dans le temps.

Sommaire. — I. *Baissse de la masculinité chez les enfants nés vivants en France. — II. Faits corrélatifs dans le même pays : relèvement des conditions économiques ; baisse de la natalité et de la mortalité ; mouvement de la mortalité du premier âge et de la morti-natalité ; baisse de la masculinité chez les morts-nés. — III. Généralité du phénomène à l'étranger.*

I

Rien n'est immuable dans la nature. Tout s'y transforme, les phénomènes organiques plus vite que les phénomènes cosmiques, les phénomènes sociaux plus vite que les phénomènes organiques. Tenant à la fois des faits organiques et des faits sociaux, les faits qu'étudie la démographie doivent subir une évolution assez rapide. C'est ce que l'on peut vérifier pour celui dont nous traitons ici, le rapport numérique des sexes. Nous allons suivre ses transformations tant pour la France que pour les pays voisins.

Worms. 6

Dès le xviiie siècle, on constate chez nous la supériorité des naissances masculines. Buffon en parle, tout en disant qu'elle n'est constamment sensible que dans de grandes agglomérations comme Paris, tandis que dans la petite ville où il habite, Montbard, les naissances masculines lui ont paru équivaloir aux naissances féminines dans la décade 1765-1774 (1). Moheau et Messance, qui sont les pseudonymes de deux intendants célèbres (MM. de Montyon et de la Michodière) signalent aussi dans leurs œuvres respectives le même phénomène.

Mais c'est seulement au xixe siècle que, grâce à la confection régulière et périodique des statistiques officielles, le fait peut être établi et suivi avec précision. Il serait trop long d'indiquer ici le rapport des sexes pour chaque année depuis 1800. Du moins pouvons-nous donner ses moyennes quinquennales. Elles ont été calculées une première fois par un éminent statisticien, E. Levasseur, dans son livre sur *La Population Française*. Elles l'ont été une seconde fois, par les soins du Service de la statistique générale de la France, pour la publication de la *Statistique internationale du mouvement de la population*. Les chiffres obtenus de ces deux côtés sont presque concordants. Le tableau que nous allons donner les reproduit, en signalant en note leurs rares divergences. Les chiffres de E. Levasseur vont jusqu'en 1888 ; ceux de la *Statistique internationale*, jusqu'en 1905 ; nous y avons ajouté la moyenne des cinq dernières années, calculée par nous. Ces chiffres ne portent que sur les enfants nés vivants, légitimes et naturels compris.

(1) Morceau intitulé : *Naissances, mariages, décès*, dans les œuvres de Buffon, édition des bibliophiles, t. IV, p. 333-338.

Groupes d'années	Coefficients de masculinité
1801-05	106,8 (1)
1806-10	106,3
1811-15	106,8
1816-20	106,6 (2)
1821-25	106,5 (3)
1826-30	105,9
1831-35	106,5
1836-40	106,0
1841-45	105,9 (4)
1846-50	105,3
1851-55	105,4
1856-60	105,1
1861-65	105,1
1866-70	104,8
1871-75	105,0 (5)
1876-80	104,5
1881-85	105,1 (6)
1886-90	104,4 (7)
1891-95	104,3
1896-1900	104,2
1901-1905	104,0
1906-1910	104,4

(1) Chiffre donné par Levasseur seul. La *Statistique internationale* n'en fournit pas.

(2) Chiffre donné par la *Statistique internationale* seule. Levasseur fond en une seule période décennale les deux périodes quinquennales 1811-15 et 1816-20, et donne pour 1811-20 le coefficient 106,8.

(3) Chiffre donné d'après la *Statistique internationale*. Levasseur donne 106,3.

(4) Chiffre donné d'après la *Statistique internationale*. Levasseur donne 105,8.

(5) Chiffre donné d'après la *Statistique internationale*. Levasseur donne 104,0.

(6) Chiffre donné d'après la *Statistique internationale*. Levasseur donne 104,8.

(7) Levasseur s'est arrêté à la période triennale 1886-88, pour laquelle il a donné 104,6.

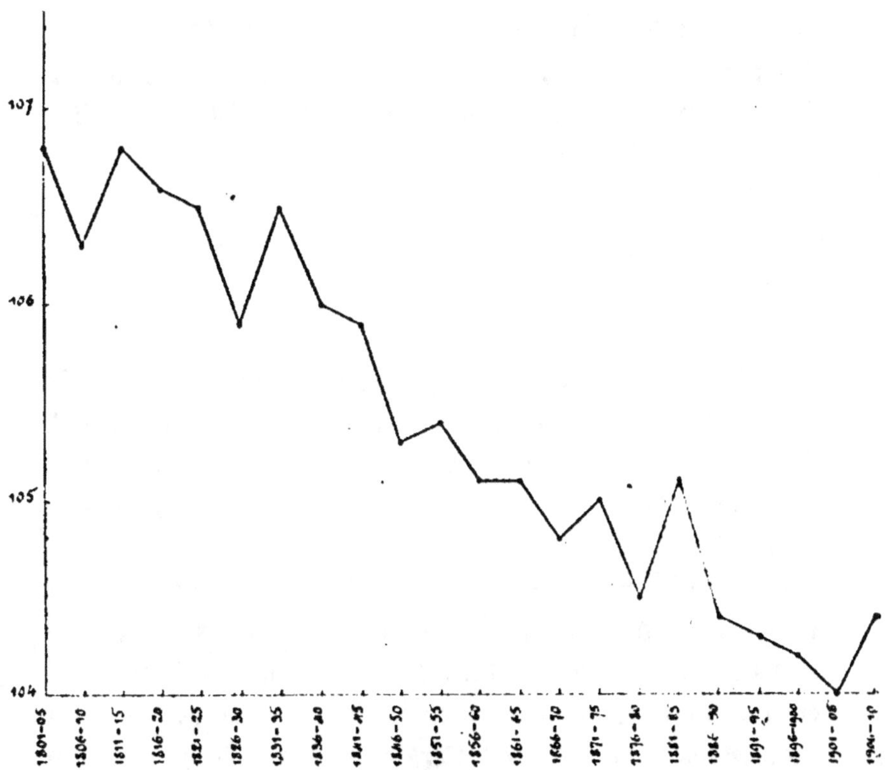

Fig. 1.

Évolution de la masculinité en France chez les enfants nés-vivants
(1801-1910).

Combien de naissances masculines pour 100 naissances féminines ?

L'ensemble de cette évolution est retracé dans la figure 1 jointe par nous au texte.

En somme, ce qui résulte de ce tableau, c'est la baisse presque continue du coefficient de masculinité, en dépit de quelques mouvements temporaires et fort peu accentués dans le sens du relèvement. Comme le dit le rédacteur de la *Statistique internationale* (1) : « En France, la prédominance des garçons tend nettement à s'affaiblir. On

(1) Page 185.

comptait 1.067 garçons pour 1.000 filles de 1811 à 1820 ; 1.052 de 1851 à 1860 ; et seulement 1.042 de 1896 à 1900. » Nous pouvons ajouter qu'on en compte 1.044 actuellement.

II

Voilà posé le fait dans sa plus simple expression. Mais il ne nous paraît pas sans intérêt de le comparer à d'autres grands événements qui se sont produits pendant le même laps de temps et dans la même nation.

Le premier de ceux-ci, c'est la hausse continue de la richesse générale et du bien-être en France, au cours du xix⁰ siècle. Ce nouveau fait, dans sa généralité, est trop connu pour avoir besoin d'explication. Et quant à en donner les détails, cela sortirait du cadre de la présente étude, puisque ce phénomème est d'ordre exclusivement économique. Il nous suffira de renvoyer ceux qui souhaiteraient en avoir la démonstration, pour le domaine où il est surtout frappant et important, c'est-à-dire en ce qui regarde la condition de la classe la plus nombreuse et la plus pauvre, au magistral ouvrage de l'écrivain si hautement autorisé que nous avons déjà cité il y a un instant, E. Levasseur : *L'histoire des classes ouvrières en France depuis la Révolution* (1). Ils y constateront, à la fois pour les villes et pour les campagnes, la double élévation simultanée du salaire nominal et du salaire réel. D'une part, la quantité de numéraire touchée par le tra-

(1) Paris, Rousseau, 2ᵉ édition en 3 volumes.

vailleur s'accroît. De l'autre, bien que le coût de la vie s'élève en même temps, cet accroissement est moindre que le précédent, de sorte qu'il reste au travailleur un certain bénéfice, qui lui permet de réaliser des acquisitions nouvelles. La somme des satisfactions matérielles qu'il peut se procurer est donc aujourd'hui sensiblement plus grande qu'il y a un siècle.

L'on voit sans peine la portée qu'a une pareille constatation en notre matière et l'on conçoit comment elle vient à l'appui de la théorie esquissée dans notre précédent chapitre en ses grandes lignes. Si l'excédent de mâles se réduit lorsque l'aisance de tous grandit, c'est sans doute que cet excédent était lié à une défectuosité de la nutrition, défectuosité qui se corrige peu à peu avec la diffusion du bien-être. Notre hypothèse tire donc de ce parallélisme des deux mouvements une singulière confirmation. Toutefois, il faut davantage pour établir une démonstration complète. Mais on va voir que, en effet, il y a davantage.

Un autre grand fait qui doit être rappelé ici, c'est celui qui concerne le taux général de la natalité en France. Ce taux n'a cessé de baisser depuis un siècle. On le sait assez généralement, car le cri d'alarme est périodiquement jeté contre les dangers qui résultent de là pour notre pays. Il est bon cependant de préciser ce point, au moyen d'un tableau statistique. D'après celui qui a été dressé, tout récemment, par le Dr Jacques Bertillon (1), il y eut en France, pour 1.000 habitants :

(1) Dans son travail intitulé : *Des causes de l'abaissement de la natalité en France et des remèdes à y apporter* (*Revue internationale de Sociologie*, n° d'août-septembre 1910, page 549).

En 1801-10 . . . .   33,0 naissances
    1811-20   31,8   »
    1821-30   31,0   »
    1831-40   29,0   »
    1841-50   27,4   »
    1851-60   26,3   »
    1861-70   26,3   »
    1871-80   25,4   »
    1881-90   23,9   »
    1891-1900   22,2   »
    1901-1909   20,7   »

Notre figure 2, placée plus loin (page 91), résume ce mouvement, en le rapprochant de celui de la mortalité.

On le voit, la baisse du taux de la natalité se produit en même temps que la baisse du taux de la masculinité. Sans doute le parallélisme ne peut pas se poursuivre dans tous les détails : il n'y a pas correspondance numérique exacte entre chacune des phases des deux phénomènes ; les deux courbes par lesquelles on peut les traduire ne sont pas complètement superposables. Mais enfin, elles sont de même allure générale. Toutes deux montrent un mouvement à peu près continu de descente. Même, si l'on voulait comparer au taux de la natalité, non pas le taux de la masculinité, mais seulement l'excédent des procréations masculines, on pourrait trouver une remarquable coïncidence dans la réduction simultanée de leurs proportions respectives. La natalité est tombée de 33,0 à 20,7, tandis que l'excédent des mâles tombait de 6,8 à 4,4. Tous deux ont donc subi une diminution d'un tiers dans la période observée. En présence de semblables constatations, on est naturellement conduit à se demander s'il n'y a pas un rapport de causalité entre deux phénomènes dont les variations sont si remarquablement concomitantes.

La baisse de la masculinité serait-elle la cause de la

baisse de la natalité? Certains esprits seraient peut-être portés à le croire. Ce sont ceux qui voient dans le premier de ces phénomènes un symptôme de dégénérescence ethnique. Ils raisonneraient ainsi : une race fatiguée donne d'abord une moindre proportion de mâles, puis elle finit par donner un moindre total d'enfants. Mais un semblable raisonnement ne paraît guère acceptable. L'excès de mâles est, chez nous, sans influence sur la natalité générale, puisqu'il disparaît, par l'effet des décès, avant dix-neuf ans, c'est-à-dire avant l'âge où les garçons concourent normalement à la reproduction de l'espèce. Ce n'est donc pas de ce côté qu'il faut chercher la causalité.

Mais peut-être se trouverait-elle du côté opposé. La baisse de la natalité ne pourrait-elle être la cause de la baisse de la masculinité? Nous avouons qu'il nous est impossible d'apercevoir comment elle le serait. Logiquement, nous ne voyons aucune raison pour que la réduction du chiffre total des naissances entraîne, par elle-même, un changement du rapport que présentent les deux sexes dans ce total. Donc, nous ne tenons pas encore la cause demandée.

Pourtant, nous n'en sommes pas loin. Si les deux faits considérés ne sont pas cause et effet l'un de l'autre, ils pourraient bien être tous deux les effets d'une même cause. Ils pourraient dépendre, l'un comme l'autre, d'un troisième phénomène. C'est ce que, pour notre part, nous croyons. Et ce troisième phénomène n'est pas difficile à découvrir. Nous venons de le rencontrer il y a un moment. C'est le progrès de la richesse et du bien-être. Ce progrès fait baisser à la fois la natalité et la masculinité. Il opère *consciemment* sur les individus pour leur faire réduire le chiffre de leur descendance. Les Français procréent moins, non parce qu'ils ne peuvent plus pro-créer, mais parce qu'ils ne le veulent plus : ils tiennent en effet à ne pas s'imposer à eux-mêmes les frais de l'éducation de nombreux enfants, et à ne pas obliger leurs descendants à diviser les biens qu'ils ont gagnés, conservés ou réunis. D'un autre côté, le même progrès opère *inconsciemment* sur les organismes pour créer les conditions favorables à la naissance des filles. En permettant une alimentation plus ample et plus saine, il supprime les causes qui produisaient l'excédent des mâles.

La première de ces actions, l'action consciente, est établie par toutes les recherches de la démographie contemporaine. La seconde, l'action inconsciente, se rattache aux nombreux faits biologiques que nous avons rappelés dans notre premier chapitre et fait corps avec l'ensemble de la théorie que nous exposons.

L'accroissement général du bien-être et la baisse de la natalité ne sont pas les seuls grands faits auxquels soit liée la baisse de la masculinité dans notre pays. Le développement de la richesse, à la vérité, amène une réduction de la procréation ; mais, en revanche, et par une sorte de compensation, il entraîne aussi un recul de la mortalité. La raison en est simple : une population qui a plus de richesses possède par là même plus de moyens de défense contre les forces destructrices. Aussi, en France, voit-on le chiffre des décès se réduire en même temps que celui des naissances (1). Cette baisse de la

(1) On peut même soutenir que la réduction de la mortalité a une certaine influence sur celle de la natalité. Un peuple frappé

mortalité a été mesurée avec précision, et nous devons
encore au D' Jacques Bertillon le tableau des chiffres qui
la résument (1). D'après lui, pour 1.000 habitants, on
comptait en France :

En 1801-10	29,0 décès
1811-20	26,1 »
1821-30	25,2 »
1831-40	24,8 »
1841-50	23,3 »
1851-60	23,9 »
1861-70	23,6 »
1871-80	23,8 »
1881-90	22,1 »
1891-1900.	21,5 »
1900-1909.	19,6 »

Ce tableau est traduit graphiquement par la figure 2,
que nous avons dressée. On y constate que la baisse est
continue, sauf de très légers relèvements pendant des
périodes où des guerres, soit extérieures, soit civiles, se
sont produites. Bien plus, cette baisse atteint, d'une
extrémité de la série à l'autre, une valeur considérable.
Le chiffre final n'est plus que les deux tiers du chiffre
initial. Or, cette réduction d'un tiers est celle que nous
avions constatée pour la baisse de la natalité, et aussi
pour la baisse de l'excès de mâles. Voilà donc trois évolu-
tions qui se poursuivent parallèlement, qui affectent la
même allure, et dont les résultats généraux se traduisent
presque exactement par les mêmes chiffres. Comment
nier, dès lors, qu'il y eût entre eux une étroite corrélation ? Ils ne sont pas, sans doute, la conséquence directe

par de nombreux décès éprouve le besoin de combler ses vides
par une procréation abondante. Un peuple où l'on meurt peu ne
l'éprouve pas.

(1) Article précédemment cité, même page.

les uns des autres. Mais tous dérivent d'une même cause,
l'évolution économique, et c'est pourquoi tous ont la
même direction et sensiblement la même vitesse.

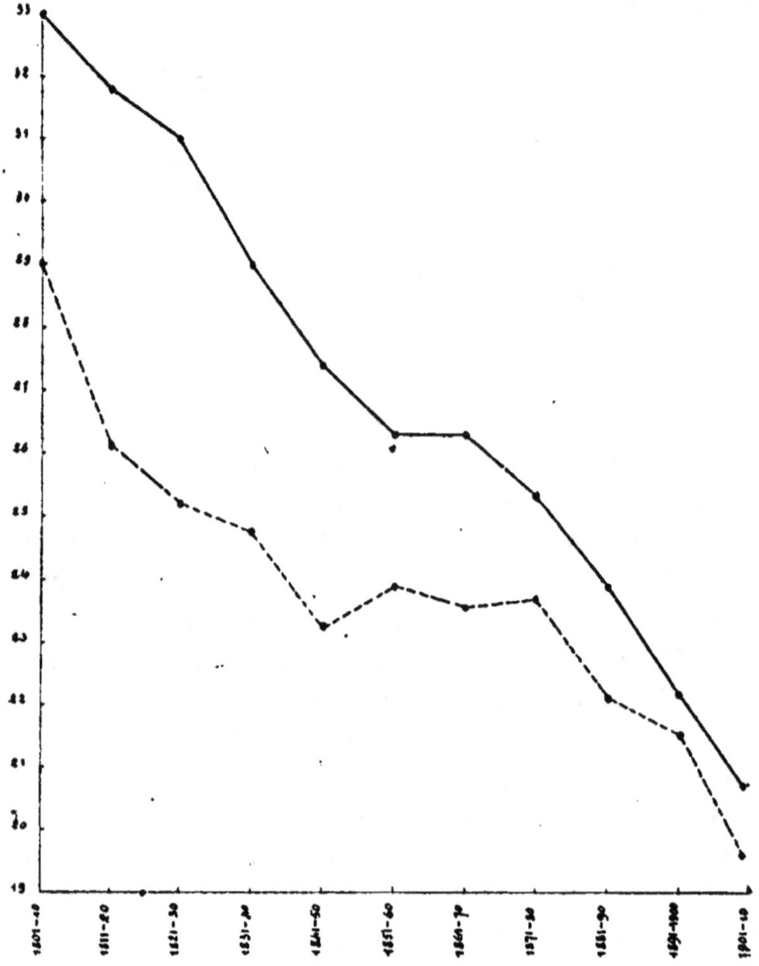

Figure 2.
Évolution de la natalité et de la mortalité en France (1801-1910).
Combien de naissances et de décès pour 1.000 habitants?
La courbe des naissances est figurée par un trait plein, celle des
décès par un pointillé.

Poursuivons l'examen des phénomènes de mortalité.

Il en est parmi eux qui sont liés, d'une façon plus directe que les autres, aux phénomènes de natalité. Ce sont les décès des enfants très jeunes, spécialement ceux des enfants de moins d'un an. Cette mortalité précoce a subi, comme toutes les formes de mortalité, une baisse assez sensible. Elle paraît toutefois être tombée un peu moins vite que d'autres : dans le cours du dernier siècle, elle n'aurait guère décru que du quart (et non du tiers) de son chiffre total. On pourra l'apprécier au moyen du tableau suivant (1). Pour 1.000 enfants nés vivants, sont morts, avant d'avoir accompli leur première année :

Périodes	Enfants (sexes réunis)	Garçons	Filles
1806-10	187	200	173
1856-60	179	192	165
1901-05	130	151	126

Ainsi l'excédent de mâles a décru plus vite que le taux de la mortalité du premier âge, puisque le premier baissait de plus du tiers quand le second baissait environ du quart.

Le tableau que nous venons de donner nous conduit à poser une autre question, plus spéciale encore. Dans la décroissance de la mortalité précoce, lequel des deux sexes a été le plus favorisé ? Appelons coefficient de mortalité précoce, pour chaque sexe, le nombre d'enfants de ce sexe qui meurt à moins d'un an, par rapport à 1.000 enfants nés vivants de ce même sexe. Et compa-

(1) *Statistique internationale du mouvement de la population,* page 464.

rons entre eux les coefficients des deux sexes. En ramenant à 100 celui des filles, quel sera celui des garçons ? Nous trouvons, pour la première période (1806-10) le chiffre de 115,6, d'après le tableau ci-dessus ; et pour la dernière, environ un siècle après (1901-05), celui de 119,8. Le rapport se serait donc élevé, au détriment des garçons. C'est à la même conclusion qu'aboutit la *Statistique internationale du mouvement de la population*. Elle dit (1) que le rapport, parti de 116 au début du xix° siècle, s'est élevé à 121 en 1891-95 ; à 119 en 1896-1900 ; à 125 en 1901-1905. Nous avons voulu contrôler ces chiffres. Malheureusement, ils ne nous ont pas paru concorder avec les données desquelles ils ont dû être tirés. Car quelques pages plus haut (2), la même *Statistique internationale* donne, comme coefficients de mortalité précoce pour chaque sexe :

Périodes	Garçons	Filles
1891-1895	186	154
1896-1900	172	144
1901-1905	151	126

D'où, en ramenant les coefficients des filles à 100, le calcul déduit, pour les coefficients des garçons : 120 (au lieu de 121), 115 (au lieu de 119), et 119 (au lieu de 125). Comment s'expliquer cet écart ? Nous avons soumis la question au Service de la statistique générale de la France. Il nous a répondu qu'il maintenait ses deux premiers chiffres 121 et 119, mais qu'il reconnaissait que le

(1) Page 467.
(2) Page 461.

troisième devait être abaissé à 120. Celui-ci ne diffère
plus que d'une unité de celui que nous avons trouvé
nous-même. Pareillement, il n'y a qu'un écart de moins
d'une demie-unité entre le chiffre que nous trouvions
pour la période de 1806-10, la première sur laquelle on
ait des données (115,6) et le chiffre que proposait pour
elle la publication officielle (116). On peut donc dire, en
résumé, que par rapport au coefficient de mortalité précoce chez les filles, le même coefficient chez les garçons
s'est élevé en un siècle de 115,6 à 119, ou de 116 à 120 (1).
En un mot, les garçons et les filles sont tous fort exposés
à la mort pendant leur première année. On en sauve
aujourd'hui plus qu'il y a cent ans : leurs chances de
mortalité à ces débuts de leur existence ont décru, pendant ce siècle, d'un quart environ. Mais la décroissance
a été moins complète chez les garçons : car elle est, chez
eux, du quart à peine, tandis qu'elle est, chez les filles,
assez sensiblement supérieure au quart. — Comment interpréter ce résultat? Cela ne peut point être fait avec
certitude, à ce qu'il nous semble. Nous nous risquerions
toutefois à en proposer l'explication suivante. Les progrès de l'hygiène infantile et de la puériculture, considérables dans ces dernières années, ont dû profiter à la
conservation des enfants des deux sexes. Mais l'inférior-
rité de l'enfant mâle est congénitale ; elle tient à une
cause qui précède sa venue au monde, à la nutrition de
ses auteurs. Elle crée donc, pour la défense du garçon
contre les périls de la première année, un obstacle particulier, que ne connaît point la fille. Aussi les progrès des
arts que nous venons de nommer ont-ils pu profiter jusqu'à présent à celle-ci plus qu'à celui-là.

(1) Dans tous les pays européens, du reste, il se tient aujour-
d'hui entre 117 et 123 (*Statistique internationale*, p. 467).

Après la mortalité du premier âge, envisageons maintenant la morti-natalité. Quelle a été la marche générale de celle-ci dans notre pays ? On sait que la statistique ne remonte pas, pour elle, au delà de 1840. C'est donc surtout dans le dernier demi-siècle que nous pouvons utilement la suivre. Il nous a paru qu'il y aurait certains enseignements intéressants à tirer, à cet égard, d'un tableau dressé par le Service de la statistique générale pour d'autres fins(1). Celui-ci indique combien, pour 1.000 habitants, il s'est produit de naissances vivantes et il a été déclaré de morts-nés. Voici ses chiffres :

Années	Nés vivants	Morts-nés
1856-60.	268	12
1861-65.	267	12
1866-70.	255	12
1871-75.	253	12
1876-80.	253	12
1881-85.	247	12
1886-90.	230	11
1891-95.	224	11
1896-1900	219	11
1901-1905	212	10

Ce tableau nous montre, une fois de plus, le phénomène que nous indiquions tout à l'heure : la baisse générale de la natalité dans le dernier demi-siècle. Spécialement en ce qui concerne la morti-natalité, il nous fait voir deux choses : 1° Depuis cinquante ans, le nombre des morts-nés baisse par rapport à la population totale. Il est tombé de 12 à 10 pour 1.000 habitants ; il a

(1) *Statistique internationale du mouvement de la population,* page 166.

donc, à cet égard, décru d'un sixième. 2° Mais, pendant le même laps de temps, le nombre des morts-nés monte par rapport à celui des enfants nés vivants. Le rapport du premier de ces nombres au second est toujours, nous le savons, assez voisin de $\frac{1}{20}$. Avec précision, on constate ici qu'il est parti de $\frac{12}{200}$ pour aboutir à $\frac{10}{212}$, c'est-à-dire qu'il est passé à peu près exactement de $\frac{1}{22}$ à $\frac{1}{21}$. Il est donc en léger relèvement. Un autre tableau l'exprime d'une façon à peine différente, en disant que : en 1856-60, il y avait 430 morts-nés sur 10.000 naissances, tandis que, en 1901-1905, on en comptait 452 (1). Le fait de ce relèvement n'est peut-être pas sans surprendre. L'on eût pu croire, en effet, que l'amélioration générale des conditions économiques et hygiéniques devait avoir eu pour conséquence de produire des enfants mieux constitués, plus aptes à la vie, donc de faire baisser le nombre des morts-nés. Il semble que la statistique démente cet espoir. Mais est-ce bien réel? Peut-être n'y a-t-il ici qu'un trompe-l'œil. Nous savons, en effet, combien la statistique des morts-nés est sujette à caution (2). Il peut parfaitement se faire que l'accroissement aperçu dans le nombre des morts-nés se soit produit, non pas chez les morts-nés réels, mais seulement chez les morts-nés enregistrés ; en d'autres termes, qu'il y ait eu seulement progrès dans la constatation de la morti-natalité. Il est probable, en effet, que les accoucheurs et les familles déclarent les morts-nés plus souvent aujourd'hui qu'autrefois et que les secrétaires de mairie les enregistrent

(1) *Statistique internationale du mouvement de la population*, page 472.

(2) Voir notre chapitre ii, § I.

plus fidèlement. Il est donc fort possible que, bien qu'on en compte plus, il n'y en ait pas plus que jadis. Admettons toutefois que la statistique ici ne fasse que suivre la réalité. Le fait constaté ne demeurerait pas sans explication. L'augmentation effective de la morti-natalité pourrait très bien se comprendre. Par exemple, le développement du travail industriel chez les femmes expose de plus en plus celles-ci à des fausses couches. Et peut-être aussi la volonté des auteurs n'est-elle pas tout à fait étrangère à ce résultat. Ainsi un relèvement du chiffre des morts-nés par rapport aux nés vivants se relierait à des faits qui caractérisent, tristement mais certainement, notre état de civilisation. — S'il était réel (ce qui, répétons-le, reste douteux pour nous) l'ensemble du phénomène se présenterait de la façon suivante. La morti-natalité baisse dans son rapport à la population (de 12 à 10 pour 1.000 habitants en un demi-siècle). Elle monte au contraire par rapport à la natalité totale (de $\frac{1}{22}$ à $\frac{1}{21}$ des naissances vivantes dans le même laps de temps). La coexistence de ces deux mouvements contraires n'a rien d'impossible, car la morti-natalité renferme deux choses à la fois. Par l'une de ses faces, elle est natalité ; par l'autre, elle est mortalité. En tant que natalité, elle est entraînée dans le mouvement général de la natalité française ; elle subit l'influence des causes qui font tomber celle-ci par rapport à la population. En tant que mortalité, elle a ses causes propres, les phénomènes qui peuvent déterminer la mort de l'embryon, phénomènes qui ne se confondent, ni avec ceux qui conduiraient à une naissance, ni avec ceux qui pourraient entraîner la mort d'un adulte. Cette série de phénomènes, qui agissent sur le côté « mortalité » de la morti-natalité, est parfaitement indépendante de la série des causes qui agit sur son côté « natalité ». Il se peut donc que la première reçoive un renforcement, pendant que la seconde subit une diminution. Et ainsi s'explique la double allure qui caractérise l'évolution de la morti-natalité, suivant qu'on la rapporte à tel ou tel des critères qui peuvent être employés pour l'apprécier.

Reste enfin, à propos de la morti-natalité, à se poser le problème du rapport qui unit en elle les deux sexes. La statistique officielle nous donne à cet égard un nouveau tableau (1). Nous y trouvons que, pour la période 1901-1905, il y a eu en France une moyenne annuelle de 22.607 morts-nés masculins et de 16.722 morts-nés féminins, légitimes et naturels compris. Le coefficient de masculinité serait donc 135,2 environ. En remontant à un demi-siècle, comme nous l'avons fait précédemment, on trouve, pour la période 1856-60, une moyenne annuelle de 25.921 morts-nés masculins et 17.531 morts-nés féminins. Le coefficient de masculinité est à cette date 147,8. Il est donc tombé de plus de $\frac{12}{100}$ en un demi-siècle. Il est vrai que, si nous remontions encore plus haut, à la première période quinquennale pour laquelle l'enregistrement des morts-nés ait été pratiqué, celle de 1840-45, nous trouverions une moyenne annuelle de 19.558 morts-nés masculins contre 13.400 morts-nés féminins, ce qui ne donnerait plus qu'un coefficient de masculinité de 145,3. Mais il faut se défier des chiffres que la statistique officielle indique pour les morts-nés en cette période. Car leur total ne donne qu'une moyenne annuelle de 33.048 pour les deux sexes réunis. Et les totaux pour les deux périodes suivantes ne donnent encore que des

(1) *Statistique internationale du mouvement de la population,* page 158-159.

moyennes annuelles de 35.219 et 38.266. Au contraire, avec la période de 1856-61, on arrive à une moyenne annuelle de 43.452 pour les deux sexes réunis. On est donc fondé à croire que, pour les trois premières périodes, l'enregistrement a été insuffisant et a laissé échapper beaucoup de morts-nés. Il est, par suite, rationnel de ne commencer les comparaisons qu'en 1856-60. Et alors on voit que le coefficient de masculinité était, à cette époque, bien plus élevé chez les morts-nés qu'il ne l'est aujourd'hui. Il est tombé, en un demi-siècle, c'est-à-dire à la fin de la période décennale 1896-1905, de 147,8 à 135,2. Dans le même laps de temps, il tombait, chez les nés-vivants, de 105,1 à 104,0. Cela fait, dans le premier cas $\frac{12,6}{100}$, dans le second cas $\frac{1,1}{100}$. La chute est donc dix fois au moins plus rapide dans le premier que dans le second. Mais c'est aussi que l'excédent des mâles est dix fois environ plus grand chez les morts-nés que chez les nés-vivants en ces deux périodes (1). Ainsi la correspondance subsiste.

L'on aimerait, enfin, à savoir par quelles étapes a passé cette chute du coefficient de masculinité chez les morts-nés depuis un demi-siècle. A cet égard, le même tableau va nous permettre de nous renseigner. Il donne en effet les chiffres absolus des morts-nés des deux sexes pour les périodes quinquennales successives. On peut, d'après ceux-ci, calculer les coefficients, et nous les donnons ici (2) :

(1) 47,8 chez les morts nés, et 5,1 chez les nés vivants à la première ; 35,2 chez les morts-nés et 4,0 chez les nés-vivants à la seconde.

(2) Nous reproduisons le tableau que la *Statistique internationale du mouvement de la population* en a dressé, page 188. De notre côté, nous avions fait des calculs, qui ne diffèrent des

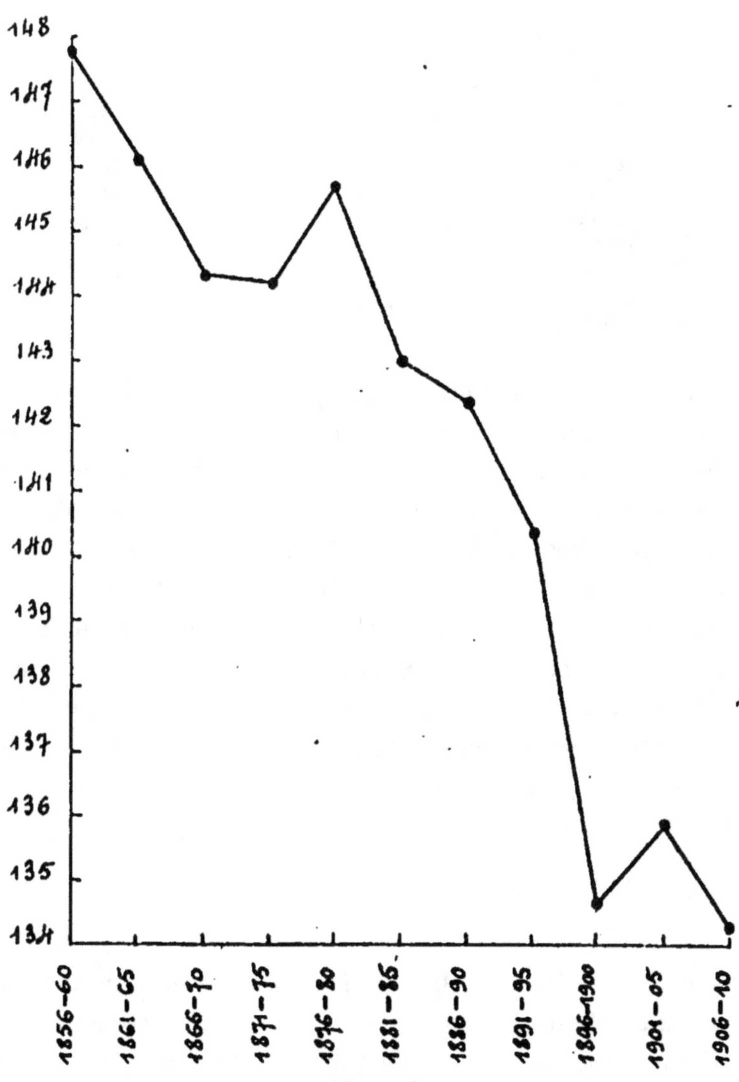

Figure 3.
Évolution de la masculinité en France chez les enfants morts-nés
(1856-1910).
Combien de morts-nés masculins pour 100 morts-nés féminins ?

siens que par quelques décimales. Le chiffre de la dernière
période quinquennale a été calculé uniquement par nous.

1856-60.	147,8
1861-65.	146,1
1866-70.	144,3
1871-75.	144,2
1876-80.	145,7
1881-85.	143,0
1886-90.	142,4
1891-95.	140,3
1896-1900	134,6
1901-1905.	135,9
1906-1910.	134,3

La série, comme on le voit par ce tableau et par la figure 3 (page 100) qui le résume, est presque continue. Peut-être le serait-elle tout à fait si l'enregistrement des morts-nés était effectué dans des conditions plus parfaites. En tous cas, elle suffit pour confirmer ce que nous avons trouvé chez les enfants nés-vivants. La baisse de la masculinité s'opère, en somme, d'une façon frappante dans les deux catégories d'enfants et elle y accompagne la baisse de la natalité et celle de la mortalité, en suivant, comme elle, le relèvement des conditions d'existence.

III

Il vient d'être question de la baisse du taux de masculinité en France, dans le courant du siècle écoulé, et des phénomènes que nous considérons comme connexes à celui-là. Il reste à chercher si l'évolution s'est produite dans le même sens pour les nations voisines. La *Statistique internationale du mouvement de la population* va nous instruire à leur sujet (1).

(1) Voir ses tableaux, pages 187-189.

L'Angleterre est à beaucoup d'égards le pays qui se rapproche le plus du nôtre. Nous allons constater ici, entre eux, une similitude de plus. Voici, en effet, les chiffres que ce grand ouvrage donne, d'après les statistiques officielles, pour l'Angleterre proprement dite :

Groupes d'années	Coefficients de masculinité
1841-45	105,2
1846-50	104,5
1851-55	104,6
1856-60	104,6
1861-65	104,3
1866-70	104,1
1871-75	103,9
1876-80	103,8
1881-85	103,9
1886-90	103,6
1891-95	103,6
1896-1900	103,5
1901-1905	103,7

Ces chiffres sont si clairs par eux-mêmes, qu'il n'est vraiment guère besoin pour eux de commentaire. La figure 4 (page 103), en laquelle nous les avons résumés, fait ressortir l'enseignement qui s'en dégage.

Tous tirés de la période où l'on a des renseignements précis, et correspondant aux sept dernières décades, ils montrent une baisse du taux de masculinité presque continue, malgré le redoublement de quelques chiffres et le relèvement infime marqué par quelques autres. Au total, cette baisse est assez accentuée, puisqu'en soixante ans le taux est tombé de 1,5 0/0. L'Angleterre présente donc, en ce qui concerne la masculinité, le même fait général que la France. Or, nous savons que, chez

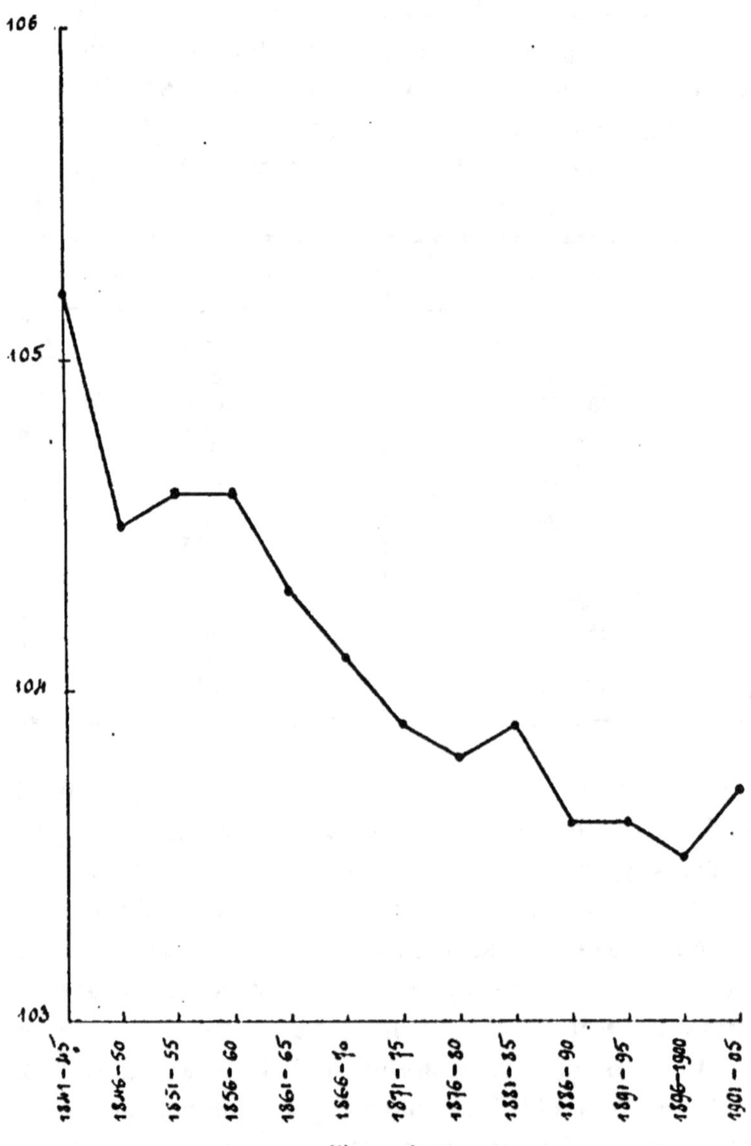

Figure 4.

Évolution de la masculinité en Angleterre chez les enfants nés-vivants
(1841-1905).

Combien de naissances masculines pour 100 naissances féminines ?

elle aussi, la richesse a singulièrement grandi dans le cours du dernier siècle. Il est même probable qu'elle est, avec la France, le pays européen où ce phénomène s'est le plus nettement marqué. Ceci confirme donc notre hypothèse que le développement du bien-être amène une réduction de l'excédent des naissances masculines.

Pareillement, on voit le coefficient de masculinité tomber avec continuité en Ecosse de 105,8 en 1856-60 à 104,2 en 1901-05, et en Irlande de 105,8 en 1866-70 à 105,4 en 1901-5 (1).

En Belgique, nous trouvons une baisse assez continue, de 105,4 en 1841-45 à 104,7 en 1901-5.

De même, en Suisse, on tombe de 105,0 en 1871-75, à 104,2 en 1896-1900.

L'Empire Allemand présente une certaine constance de son taux de masculinité, qui a passé de 105,4 en 1871-75 à 105,5 en 1901-5. Le même fait se retrouve dans les divers Etats dont il est composé.

On peut considérer le taux comme presque constant en Hollande (105,6 en 1841-45 et 105,5 en 1901-5) ; en Autriche (105,6 en 1831-35 et 105,8 en 1896-1900) ; en Hongrie (105,5 en 1866-70 et 105,0 en 1901-1906).

La Russie présente une légère élévation du taux : 104,4 en 1861-65, et 105,4 en 1896-1900. Le Danemark également. La Norvège a une baisse assez irrégulière depuis soixante ans. La Suède et la Finlande, dont la statistique des naissances date de 1781, montrent des variations irrégulières.

Dans le midi de l'Europe, on observe une hausse en

<hr>

(1) Bien que ces chiffres résultent des tableaux de la *Statistique internationale*, le commentaire qui accompagne ces derniers paraît croire qu'ils manifestent un état stationnaire.

Portugal (107,5 en 1886-91 et 111,2 en 1896-1900) ainsi qu'en Espagne (106,8 en 1856-66 et 110,2 en 1901-06). Mais en revanche on y constate une baisse continue en Italie (106,5 en 1871-75 et 105,7 en 1901-06), une baisse très notable en Roumanie (112,3 en 1866-70 et 106,9 en 1891-95), une baisse légère en Serbie (106,0 en 1861-65 et 105,7 en 1901-05) et en Bulgarie (108,5 en 1891-5 et 107,9 en 1896-1900).

Nous n'avons pas la prétention de considérer tous ces chiffres comme absolument probants en notre sens. Nous ne croyons même pas qu'ils aient tous une égale valeur, la statistique n'étant pas également bien faite partout et n'ayant probablement pas toujours été aussi exactement dressée qu'aujourd'hui. Mais nous ne pouvons pourtant pas nous empêcher de faire remarquer que la Belgique, la Suisse, l'Italie, c'est-à-dire les trois pays continentaux où le phénomène démique qui nous occupe a visiblement la même marche qu'en France, sont justement ceux qui forment avec le nôtre l'Union monétaire latine, qui ont le plus de traditions intellectuelles communes avec lui, qui suivent souvent ses exemples politiques, dont les Codes civils dérivent directement du sien. N'est-ce pas un exemple de plus de la liaison des phénomènes sociaux avec ceux de la vie organique ?

Quant aux morts-nés, le Royaume-Uni ne donne pas leurs chiffres. Mais nous voyons leur coefficient de masculinité en baisse dans la plupart des pays compris dans la *Statistique internationale*. Car il passe :

en Danemark, de 133,8 (1851-55) à 127,3 (1901-1905) ;
en Norvège, de 129,6 (1841-45) à 126,2 (1896-1900) ;
en Suède, de 132,7 (1751-55) à 127-7 (1896-1900) ;
en Finlande, de 131,7 (1881-85) à 125,3 (1896-1900) ;

en Russie d'Europe, de 137,3 (1886-90) à 137,0 (1896-1900) ;

en Autriche, de 135,7 (1831-35) à 131,2 (1896-1900) ;

en Suisse, de 134,8 (1871-75) à 129,9 (1896-1900) ;

dans l'Empire Allemand, de 129,1 (1871-75) à 128,1 (1901-1905) :

en Hollande, de 128,4 (1841-45) à 126,7 (1901-1905) ;

en Belgique, de 134,9 (1841-45) à 130,2 (1901-1905) ;

en Espagne, de 170,5 (1861-65) à 149,2 (1901-1905) ;

en Italie, de 131,9 (1876-80) à 127,6 (1901-5) ;

en Bulgarie, de 135,8 (1891-95) à 134,9 (1896-1900).

En revanche, on constate une hausse de ce coefficient :

en Hongrie, de 127,6 (en 1876-80) à 128,5 (en 1901-1905) ;

en Portugal, de 125,3 (en 1891-95) à 134,0 (en 1896-1900) ;

en Serbie, de 129,8 (en 1881-85) à 132,3 (en 1901-1905) ;

en Roumanie, de 129,3 (en 1871-75) à 135,6 (en 1891-1895).

Seul de tous les Etats allemands, le grand-duché de Bade ne suit pas la marche descendante de l'Empire. Tous les autres ont vu leurs coefficients décroître comme le corps politique dont ils font partie.

En somme, dans la grande majorité des pays, le taux de masculinité est en baisse chez les morts-nés dans les plus récentes décades. Ce fait est la confirmation de celui que nous avions constaté en France. Il se relie à l'ensemble des améliorations biologiques et sociales dont nous venons de signaler la marche commune. Il est, lui aussi, un indice du progrès général.

CHAPITRE VII

Variations du rapport dans l'espace.

I

La comparaison de plusieurs états successifs d'un même groupe est instructive. La comparaison des états simultanés de plusieurs groupes voisins ne l'est pas moins. Aussi, après avoir examiné comment le coefficient de masculinité varie au cours du siècle dans les pays considérés un à un, devons-nous maintenant chercher comment il varie à une même date suivant les pays rapprochés les uns des autres.

La *Statistique internationale du mouvement de la population* nous permet encore de faire cette dernière comparaison. Grâce à elle, en effet, nous possédons les coefficients de masculinité pour les différents pays. En lisant ses tableaux verticalement, on en suit les variations dans le temps; en les lisant horizontalement, on suit les variations dans l'espace (1). Examinons donc les diverses nations européennes, à des dates aussi voisines que possible de l'année 1900, aux environs de laquelle des recensements de la population ont eu lieu chez toutes. Les chiffres dont nous allons nous servir sont ceux de la période quinquennale 1901 1905. Dans les cas, assez rares, où ceux-ci font défaut, nous donnerons les chiffres de la période quinquennale antérieure, en ayant soin de mentionner en note le fait. Il ne s'agira ici que des enfants nés vivants, et nous fondrons en un même total les légitimes et les naturels.

Rappelons tout d'abord que, pour cette période 1901-1905, le coefficient de masculinité est, en France, de 104,0.

En Angleterre, il est de 103,7 ; en Ecosse, de 104,2 ; en Irlande, de 105,4. Pour comparer utilement le chiffre anglais au chiffre français, il faut faire les remarques suivantes. En Angleterre, on a 42 jours après la naissance pour effectuer la déclaration de l'enfant nouveau-né ; les morts-nés ne sont pas inscrits, ni les enfants nés avant la déclaration. Il en résulte que souvent il n'y a pas trace des enfants décédés peu de jours après leur naissance. Or ceux-ci, nous l'avons déjà vu, sont surtout nombreux parmi les garçons. En conséquence, parmi les engendrés et même parmi les nés-vivants, il y a plus de garçons que de filles qui échappent à la statistique. Cette circonstance permet d'expliquer en partie le coefficient particulièrement bas de la masculinité anglaise, qui se trouve légèrement inférieur à celui de la masculinité française.

Dans l'Europe septentrionale et orientale, nous trou-

(1) Voir ces tableaux, pages 187-189 de cette *Statistique*.

vons les chiffres suivants. Le Danemark a pour coeffi-cient 105,3 ; la Norvège : 106,0 ; la Suède : 105,7 ; la Fin-lande : 103,5 ; la Russie d'Europe : 105,4 (1).

Dans l'Europe centrale, nous constatons que les coef-ficients sont : 105,8 pour l'Autriche-Hongrie, sans grand écart entre les deux monarchies qui la forment, et 104,2 pour la Suisse (2). L'Empire allemand a un coefficient global de 105,5. Nous avons l'avantage d'en posséder la décomposition pour ses principales parties. Le coefficient passe à 105,4 pour la Prusse ; 105,7 pour la Bavière ; 104,9 pour la Saxe ; 104,2 pour le Wurtemberg ; 104,1 pour le grand-duché de Bade. D'autre part, il est de 105,5 pour les Pays-Bas et de 104,7 pour la Belgique.

Dans l'Europe méridionale, il s'élève jusqu'à 111,2 en Portugal (3) et 110,2 en Espagne. Il est encore de 105,7 en Italie. Il monte à 107,9 en Bulgarie (4), reste à 105,7 en Serbie et passe à 106,9, en Roumanie (5).

On remarque sans peine que les pays à coefficient de masculinité peu élevé forment comme une zone dont la France occupe le centre. Autour d'elle (104,0) sont dis-posées l'Angleterre (103,7), l'Ecosse (104,2), la Belgique (104,7), Bade (104,1), le Wurtemberg (104,2), la Suisse (104,2).

En revanche, c'est dans les péninsules du sud-ouest et du sud-est que se trouvent les taux les plus élevés, en Portugal, Espagne, Bulgarie et Roumanie. Ces pays comptent parmi les moins fortunés de l'Europe.

(1) D'après les statistiques de 1896-1900.
(2) *Idem.*
(3) *Idem.*
(4) *Idem.*
(5) Pour ce dernier pays, d'après les statistiques de 1891-95.

Les tableaux de la *Statistique internationale* en notre matière ne donnent pas de chiffres pour la Grèce, les Etats-Unis (1), le Japon. Seules hors d'Europe, les colonies du Commonwealth australien y sont mentionnées. Nous donnons ici leurs coefficients : Nouvelle Galles du Sud : 104,0 ; Victoria : 105,3 ; Queensland : 104,0 ; Australie du Sud : 106,1 ; Australie occidentale : 105,5 ; Tasmanie : 107,1 ; Nouvelle Zélande : 105,6. Nous supposons que ces chiffres ne s'appliquent qu'à la population blanche.

Quant aux morts-nés, on ne possède sur eux aucune donnée dans le Royaume-Uni, pour la raison que nous venons de dire. En ce qui concerne les autres pays d'Europe, nous avons marqué les plus récents coefficients de masculinité de leurs morts-nés aux deux dernières pages du précédent chapitre. Ces coefficients sont compris entre 125,3 pour la Finlande et 140,2 pour l'Espagne. Le chiffre français est à peu près à mi-chemin de ces deux extrêmes. On notera dans les pages citées l'affinité que présentent respectivement entre eux : 1° les coefficients des quatre pays scandinaves (Danemark, Norvège, Suède, Finlande) ; 2° ceux de l'Autriche et de l'Allemagne ; 3° ceux de la Hollande et de la Belgique ; 4° ceux des trois pays balkaniques (Bulgarie, Serbie, Roumanie). On

(1) Ce qui ne permet pas de le faire pour ce pays, c'est qu'un certain nombre d'Etats de l'Union n'ont pas un service d'enregistrement obligatoire des naissances. Mais un auteur américain, John Benjamin Nichols, a cru pouvoir indiquer comme coefficients de masculinité dans sa patrie : 105,9 pour les blancs et 100,9 pour les nègres (*Memoirs of the American Anthropological Association*, vol. I, part 4, february 1904, pages 249-300. Travail analysé par E. Rüdin dans l'*Archiv für Rassen-und Gesellschafts-biologie*, 1907, pages 390-393.)

pourra aussi, grâce à elles, constater que les taux de masculinité les plus élevés se trouvent, pour les morts-nés comme pour les nés-vivants, dans les pays de l'Europe méridionale et orientale. C'est encore une confirmation de notre vue générale, d'après laquelle ce taux élevé est lié à de médiocres conditions économiques.

Quant aux faits relatifs aux nés-vivants, qui sont plus étendus et plus probants encore, ils témoignent largement en faveur de notre théorie.

Les pays les plus riches de l'Europe sont ceux qui ont le moindre excédent de garçons ; les plus pauvres présentent le phénomène inverse. Avec l'accroissement de l'aisance générale, la tendance s'affirme à une égalité numérique des deux sexes à la naissance.

II

Suivre dans l'espace les variations du coefficient de masculinité, ce n'est pas seulement comparer ce qu'il est dans les pays étrangers avec ce qu'il est en France. C'est aussi distinguer, dans la France elle-même, ce qu'il est suivant les régions. A cet égard, nous avons entrepris des recherches étendues sur une série de départements. Elles ont eu pour but de voir, notamment, si les variations locales de ce coefficient présentaient un lien avec la situation physique de la région considérée. Aussi devons-nous en réserver l'exposé pour le chapitre où nous traiterons des influences physiques qui s'exercent sur la masculinité (1). Mais nous pouvons dès maintenant signaler et résumer

(1) Chapitre ix, § I.

une autre série de recherches, sur le même ordre de faits,
envisagé à un autre point de vue. Celles-ci ne nous sont
point personnelles ; elles ont été effectuées par le Service
de la statistique générale de la France. Elles ne divisent
pas la population de notre pays par départements, mais
elles la répartissent en trois grands groupes : population
du département de la Seine, population urbaine (c'est-à-
dire comprise dans les localités comptant plus de
2.000 habitants agglomérés), population rurale. Le Service
a calculé les coefficients de masculinité pour ces trois
groupes, et les a fait paraître : 1° pour les années 1853
à 1900 inclusivement, dans la *Statistique annuelle du
mouvement de la population pour les années 1899 et
1900* (1) ; 2° pour les années 1901 et suivantes, dans les
volumes ultérieurs de la même *Statistique* (2), dont la
publication s'arrête malheureusement, comme nous
l'avons dit ailleurs, avec les chiffres de 1906. Ces coefficients concernent d'un côté les nés-vivants, de l'autre
les morts-nés. Nous allons reproduire ici ceux qui sont
relatifs aux dix dernières années, nous étant d'ailleurs
assuré personnellement que ceux des années antérieures
mèneraient aux mêmes conclusions. Voici d'abord les
coefficients relatifs aux nés-vivants (v. 1ᵉʳ *tableau* p. 113).

L'examen de ce tableau montre que, dans le plus grand
nombre de cas, le coefficient du département de la Seine
est moindre que celui de la population urbaine, et ce
dernier moindre que celui de la population rurale. Le
fait était — nous l'avons constaté *de visu* sur les tableaux
officiels — plus net encore pour les années comprises

(1) Pages 100 à 105, tableaux 17 et 18.
(2) 1901, page xxviii ; 1902, page xxv ; 1903, page xxii ; 1904,
page xxiv ; 1905 et 1906, page xxx.

Années	Département de la Seine	Population urbaine	Population rurale
1897	105	»	»
1898	104	110	102
1899	104	103	105
1900	102	101	107
1901	102	104	104
1902	102	103	105
1903	103	103	104
1904	104	103	104
1905	105	104	104
1906	104	101	104

entre 1853 et 1896. Il va en s'atténuant dans les toute
dernières années, où se manifeste une tendance au ni-
vellement des trois groupes de population, tendance qui
est du reste frappante en beaucoup d'autres matières.

Il apparaîtra avec plus de netteté, si l'on envisage
maintenant les morts-nés. Ici les coefficients étant plus
élevés, leurs écarts doivent naturellement être plus sen-
sibles. C'est bien ce qui se réalise :

Années	Département de la Seine	Population urbaine	Population rurale
1897	117	»	»
1898	122	131	139
1899	116	129	145
1900	120	133	137
1901	132	131	141
1902	121	129	141
1903	117	134	148
1904	113	128	140
1905	126	135	141
1906	119	137	139

Ce dernier tableau montre, d'une façon presque absolument constante, que l'excès des naissances masculines

est plus grand aux champs qu'à la ville, et plus grand dans une ville ordinaire que dans la capitale. Le fait avait d'ailleurs été relevé par des démographes français (Bertillon père, Levasseur) et les démographes allemands l'avaient constaté aussi dans leur pays.

Comment l'expliquer? Düsing suggère qu'il pourrait tenir à ce que les populations rurales sont les plus endogames, c'est-à-dire celles où le mariage se contracte le plus à l'intérieur d'un groupe fermé (1). Grünspan indique qu'il peut être influencé par l'âge habituellement plus précoce du mariage à la campagne, car les mariages précoces donnent, comme nous le verrons ultérieurement (2), plus de garçons. Nous ne repoussons aucune de ces deux explications. Elles cadrent même toutes deux assez bien avec notre théorie générale : car l'endogamie et la grande précocité sont des conditions défavorables pour une union. Mais nous voudrions leur en ajouter une autre : le fait qu'il y a, en général, moins d'aisance à la campagne qu'à la ville, et dans une ville quelconque que dans la capitale. On répliquera peut-être que les conditions sanitaires sont meilleures aux champs que dans les agglomérations urbaines et surtout métropolitaines. Mais cela est-il bien certain? Où donc l'hygiène générale a-t-elle fait de grands progrès, si ce n'est dans les centres les plus vastes? Où donc l'air et la lumière sont-ils plus parcimonieusement mesurés que dans les chaumières agrestes? De quel côté l'eau est-elle plus saine et les épidémies sont-elles mieux combattues? Tout compte fait,

(1) Il semble en effet que, dans d'autres cas, l'endogamie coïncide avec une forte masculinité. Ainsi, en Allemagne, où il existe une statistique de naissances par cultes, le plus haut coefficient a été trouvé chez les israélites, qui sont endogames.

(2) Chapitre x, § I.

les villes, et surtout les capitales, se trouvent dans de meilleures conditions, non seulement économiques, mais sanitaires que les campagnes. Et c'est pourquoi l'excès de mâles y est moindre.

III

On pourrait songer à pousser l'analyse encore plus loin. Par exemple, nous avons eu l'idée de comparer entre elles les diverses parties dont notre capitale est formée. Il nous a paru curieux de rapprocher, au point de vue qui nous occupe, l'arrondissement le plus riche de Paris, le VIIIe, et deux des arrondissements les plus pauvres, le XIIIe et le XXe. Grâce à l'*Annuaire statistique de la ville de Paris*, nous avons pu faire cette comparaison pour une longue suite d'années. De 1880 à 1891, cette publication nous donne les chiffres annuels des enfants nés vivants par sexes et par arrondissements. A partir de 1892 on a même les chiffres des morts-nés par arrondissements. Mais [ceux-ci ont dû être laissés de côté par nous, pour que nos totaux pussent comprendre les années antérieures. Ainsi, nous avons pu dresser les totaux de 30 années (1880-1909), et nous les reproduisons ici :

Arrondissements	Garçons	Filles	Coefficients
VIIIe	19.112	18.250	104,66
XIIIe	64.640	61.997	104,26
XXe	48.564	47.540	102,15

L'écart n'est pas dans le sens que notre théorie aurait prévu. Mais il faut observer que, dans un arrondissement riche, ce ne sont pas les riches qui ont le plus d'enfants : les serviteurs en procréent plus que les maîtres. Puis, les totaux des deux séries ne sont pas assez considérables pour permettre des inductions bien fermes. En somme, il y a là une question qui demeure ouverte (1). Elle n'est, au reste, qu'une question de détail, et sa solution, quelle qu'elle soit, ne pourrait modifier la conclusion que fournissent de plus vastes ensembles. Cette conclusion est que, dans l'espace comme dans le temps, on voit l'excès de mâles se réduire quand les conditions d'existence s'améliorent.

(1) Si l'excédent de mâles provenait de gens très riches, notre théorie pourrait encore en rendre compte. Elle admet, en effet, que cet excès est déterminé par une nutrition défectueuse. La défectuosité peut tenir au manque d'aliments. Mais elle peut tenir aussi au fait inverse, à leur surabondance, qui a des effets toxiques. La suralimentation et les excès des gens très riches pourraient expliquer, au besoin, un surcroît de mâles chez leur progéniture.

CHAPITRE VIII

Variations du rapport suivant la filiation.

Sommaire. — *Supériorité du rapport chez les enfants légitimes ; examen et explications possibles de ce fait.*

Nous arrivons à l'un des points les plus délicats de notre enquête. Les faits d'ordinaire admis semblent ici favorables à une conception opposée à la nôtre. Il nous faudra scruter leur valeur et leur généralité. Définissons d'abord l'objet de cette nouvelle recherche.

Pour la loi française et pour toutes les lois de l'Europe, les naissances se distinguent en légitimes et illégitimes. Toutes les statistiques donnent donc des tableaux distincts pour ces deux filiations. Même, la statistique française compte à part ceux des enfants naturels qui ont été reconnus par leurs pères dans leurs actes de naissance.

Or, les chiffres relevés semblent montrer, depuis longtemps, que le coefficient de masculinité est plus haut chez les enfants légitimes que chez les enfants naturels. Le fait a été signalé, comme constant pour tous les pays, par Quetelet, par Bertillon père et par Levasseur (1). Comment

(1) Ce dernier donne comme coefficient moyen de masculinité, en France, au XIXe siècle : pour les enfants légitimes : 105 ; pour les illégitimes : 103,8.

l'expliquer ? Si l'on voit dans l'excès de mâles une supériorité, on est porté à trouver très logique que cet avantage appartienne surtout aux unions légitimes. La naissance d'un garçon est ainsi, dit-on, le prix de la moralité. A quoi l'on a même ajouté qu'elle en pourrait être la conséquence.

Sans discuter ici la valeur de ces dernières conceptions, examinons les faits qui leur servent de bases. Il semble qu'on ne les ait pas toujours vus fort exactement.

Prenons d'abord, à titre d'exemple, les chiffres des naissances françaises pour l'année 1906. C'est, comme nous l'avons indiqué précédemment, la dernière pour laquelle la *Statistique annuelle* ait été publiée. Nous trouvons, pour les enfants déclarés vivants, les totaux suivants (1) :

Catégories	Garçons	Filles
Enfants légitimes.	375.263	360.718
Enfants illégitimes reconnus par le père sur l'acte de naissance . . .	6.177	5.605
Enfants illégitimes non reconnus par le père.	29.871	29.213

Les coefficients de masculinité respectifs sont, pour la première catégorie : 104,03 ; pour la seconde : 108,4 ; pour la troisième : 102,2. La troisième renferme les enfants naturels typiques, si l'on peut ainsi dire. C'est donc elle qu'il faut d'abord opposer à la première. Si on le fait, on constate que son coefficient est de près de 2 0/0

(1) Ces divers chiffres figurent dans la *Statistique annuelle du mouvement de la population pour 1906*, page 94, et dans l'*Annuaire statistique de 1906*, pages 10 et 11.

inférieur à celui-ci. Elle donnerait donc relativement bien moins de garçons, contrairement à notre hypothèse.

Oui, mais ce n'est là qu'une première vue de la question. Il y a d'autres points à envisager. Pour savoir en quel rapport les garçons et les filles sont engendrés dans le mariage et hors mariage, trois rectifications sont à faire : 1° Au chiffre des enfants illégitimes non reconnus par le père, il faut ajouter celui des enfants illégitimes qu'il a reconnus dans l'acte de naissance. Car ceux-ci ont été procréés, et ont vécu jusqu'à leur naissance, dans les conditions des enfants illégitimes. Partiellement même, ils conserveront ces conditions plus tard.

2° A ce total, il faut ajouter encore celui des morts-nés illégitimes (forcément non reconnus, d'ailleurs, quoique parfois déclarés par le père lui-même). Ceux-ci aussi ont subi les conditions de la génération naturelle.

3° Mais, par compensation, il faut ajouter au chiffre des enfants légitimes nés-vivants celui des morts-nés légitimes.

Nous avons déjà donné les chiffres des enfants illégitimes reconnus. Quant à ceux des morts-nés des diverses catégories, les voici à leur tour, pour la même année 1906 :

Catégories	Garçons	Filles
Morts-nés légitimes	18.515	13.599
Morts-nés illégitimes	2.992	2.220

Faisons enfin les additions indiquées. Le total des enfants légitimement procréés ressort à 393.778 garçons et 374.377 filles ; le coefficient de masculinité est, parmi eux, 105,1. En même temps, le total des enfants illégitimement procréés ressort à 39.040 garçons et 37.038 filles ; le coefficient de masculinité est, pour eux, 105,4. Le coefficient des illégitimes est donc plus fort que celui des légitimes. Sans que l'écart entre eux soit considérable, il est dans le sens inverse de celui qu'indiquaient les apparences et qu'admettaient les théories reçues. Mais il est dans le sens de notre propre théorie. Conformément à nos prévisions, les faits, vus dans leur intégralité, ont montré que l'excès de mâles est plus grand chez les enfants naturels que chez les enfants légitimes. Cela s'explique fort bien, puisque les premiers ont été procréés dans de moins bonnes conditions sociales que les seconds.

L'on peut même aller un peu plus loin que nous ne venons de le faire. L'écart, disons-nous, n'est pas très considérable entre les deux coefficients de masculinité chez les enfants illégitimes et chez les enfants légitimes. Sans doute ; mais il est fort probable qu'il le serait davantage si l'on était renseigné sur les procréations qui, aujourd'hui, ne sont pas déclarées. Nous avons dit antérieurement que les enfants nés vivants font presque tous l'objet d'une déclaration à l'état civil. Seulement, il n'en est pas de même pour les morts-nés. Ici la déclaration fait parfois défaut, soit par l'effet de la négligence, s'il s'agit d'une expulsion avant terme, soit par celui du crime, s'il s'agit d'un avortement. Tout porte à penser que ces deux causes agissent avec plus d'intensité pour les enfants illégitimes que pour les enfants légitimes. Il y aurait donc lieu de relever les totaux de ces deux groupes, mais surtout celui du premier, en raison de ces procréations de morts-nés non déclarés. Et comme parmi les morts-nés le taux de masculinité est considérable, l'excédent des mâles illégitimes par rapport à l'excédent des mâles légitimes serait encore accru. La différence des deux coefficients apparaîtrait alors comme étant, non plus seulement de trois dixièmes, mais peut-être d'un demi pour cent environ, ce qui est déjà assez appréciable.

En somme, d'après les chiffres auxquels nous venons d'aboutir pour l'année 1906, le coefficient de masculinité serait légèrement plus élevé chez les enfants illégitimes que chez les enfants légitimes. Mais ce résultat a-t-il quelque généralité ? Pour le savoir, nous avons appliqué la même méthode aux années antérieures, en tenant compte chaque fois des deux catégories d'enfants natu-rels et en ajoutant aux nés-vivants les morts-nés (1). Nous avons opéré pour les cinq années qui précédèrent 1906, et nous avons formé ainsi le tableau suivant.

Années	Coefficients des légitimes	Coefficients des illégitimes
1901.	104,9	104,7
1902.	105,4	103,7
1903.	104,8	103,7
1904.	104,9	104,7
1905.	105,4	104,7

Nous n'avons pas voulu nous en tenir ainsi aux années comprises dans le xxᵉ siècle, et nous avons cherché à savoir ce qu'il en était pour la dernière décade du xixᵉ.

(1) Les chiffres élémentaires se trouvent dans les volumes suc-cessifs de la *Statistique annuelle du mouvement de la population*, pages 12 et 13.

En remontant cinq ans au delà de 1901, nous avons trouvé qu'en 1896 le coefficient des enfants légitimes était 105,7 et celui des enfants illégitimes 102,9. Et en remontant cinq ans plus haut encore, nous avons constaté qu'en 1891 le coefficient des enfants légitimes était 106,2 et celui des enfants illégitimes 105,6.

Ainsi les résultats de ces recherches ne confirmaient point celui que nous avions obtenu en 1906. Cette année 1906 (dont le choix, nous le répétons, avait été fait par nous uniquement parce qu'elle est la dernière pour laquelle la *Statistique annuelle* ait été publiée) demeure jusqu'à présent la seule, à notre connaissance, pour laquelle le coefficient de masculinité soit moindre chez les enfants légitimes que chez les illégitimes. Il convient toutefois de remarquer que l'écart en sens inverse n'était que de sept dixièmes en 1905, de deux dixièmes en 1904 et en 1901. Mais enfin, si faible qu'il soit, il se révèle comme étant constamment, pour les sept années examinées en dernier lieu, dans un sens opposé à celui des chiffres de 1906, et par conséquent dans le même sens que celui que nos devanciers avaient constaté au XIX⁰ siècle.

Nous avons alors cherché s'il serait possible d'avoir des données sur les années postérieures à 1906. Au Service de la statistique générale de la France on a bien voulu nous remettre des chiffres manuscrits concernant les années 1907 à 1910. Ils décomposaient les naissances par sexes en légitimes et illégitimes, sans d'ailleurs distinguer parmi ces derniers les enfants reconnus. En ajoutant dans les deux cas les morts-nés aux nés vivants, nous avons trouvé les coefficients suivants :

Années	Légitimes	Illégitimes
1907.	106,0	104,0
1908	105,9	103,9
1909.	105,7	104,0
1910.	105,4	104,3

Dans l'ensemble, ces chiffres sont encore concordants avec les constatations de nos devanciers. Il est à noter toutefois qu'en 1908, les coefficients sont les mêmes pour les deux catégories d'enfants, légitimes et naturels.

Dans un prochain chapitre, nous aurons l'occasion de constater que, en Algérie, les enfants d'origine française présentent à l'observateur un phénomène directement contraire à celui qu'il trouve dans la métropole. Là, le coefficient de masculinité est beaucoup plus élevé chez les enfants naturels que chez les enfants légitimes (1). Seulement, la série de chiffres que nous avons pu recueillir pour l'Algérie n'est pas d'un total assez élevé et ne remonte pas assez haut pour qu'on en puisse tirer, même pour cette région, des inductions bien fermes.

En somme, nous conclurons qu'il règne, sur toute cette question, quelque incertitude. Le taux de masculinité s'est montré à nos prédécesseurs plus haut, pour la France, chez les enfants légitimes que chez les enfants naturels. Et nous avons fait personnellement la même constatation pour des années plus récentes. Pourtant, dans les dernières années, l'écart devient très faible. Il change même de sens dans une des plus voisines de nous, et il est nul dans une plus proche encore. En Algérie, il s'intervertit fort nettement. Sans répudier les vues

(1) Chapitre ix, § II.

classiques, nous sommes ainsi amené à faire sur elles certaines réserves. Notamment, nous devrons faire observer que, le nombre des enfants légitimes étant en France environ dix fois plus élevé que celui des enfants naturels, le coefficient de masculinité est établi chez les premiers avec plus de certitude que chez les seconds.

D'ailleurs, si même le taux de masculinité devait être définitivement considéré comme plus élevé chez les enfants légitimes que chez les illégitimes, l'explication de ce fait ne devrait pas nécessairement être cherchée dans les conditions où les enfants de ces deux catégories sont procréés. On pourrait tout aussi bien y voir la conséquence d'un autre phénomène, lié lui-même à ces conditions, mais distinct et postérieur, que voici. La morti-natalité est sensiblement plus grande, comme on sait, parmi les illégitimes que parmi les légitimes. Or, les morts-nés ont, nous l'avons vu, un coefficient de masculinité considérable, beaucoup plus haut que celui des nés-vivants. La disparition d'un grand nombre d'enfants illégitimes par l'effet de la morti-natalité a donc pour conséquence de réduire beaucoup chez eux l'excédent des mâles. Il en résulte que parmi ceux qui naissent vivants, cet excédent tombe au-dessous de ce qu'il est parmi les légitimes, où la mortalité intra-utérine l'a moins réduit. Voilà du moins une des explications qu'on peut donner, avec un sérieux fondement, du fait qui nous a occupé dans ce chapitre (1).

(1) Dans ce sens s'est prononcé l'auteur américain J. B. Nichols, *The numerical proportions of the sexes at birth ;* article inséré dans les *Memoirs of the American Anthropological Association* vol. I, part 4, february 1907, et analysé par E. Rüdin, dans l'*Archiv für Rassen-und Gesellschaftsbiologie,* année 1907, p. 390-393.

Une autre en pourrait encore être proposée. Elle est d'ordre, non plus physiologique ou pathologique, mais psychologique. Dans la famille légitime, pour des causes que nous indiquerons ultérieurement (1), la postérité masculine est souvent plus désirée que la postérité féminine. Ces causes ne peuvent presque jamais agir hors du mariage. Il en résulte que le couple légitime continue souvent à procréer jusqu'à ce qu'il ait mis au monde un garçon, et arrête parfois sa procréation dès qu'il l'a obtenu. Rien de semblable ne vient multiplier les naissances masculines et restreindre les naissances féminines parmi les enfants illégitimes. Chez ces derniers, la distribution des sexes est réglée uniquement par des lois biologiques ; chez les autres, des facteurs moraux interviennent. Ainsi se justifierait, d'une façon inattendue, le nom d'enfants *naturels* qu'on donne à l'une de ces catégories (2).

L'interprétation d'ordre psychologique qui vient d'être présentée nous paraît prendre une valeur toute particulière pour un cas spécial. C'est celui des enfants naturels reconnus par leur père dans l'acte de naissance. Pour l'année 1906, où nous avons étudié les choses en grand détail, nous avons trouvé que le coefficient de masculinité est chez ces enfants 108,4, très supérieur par conséquent au coefficient constaté chez les enfants naturels non reconnus à ce moment (102,2) et à celui qui caractérise les enfants légitimes (104, 03). Nous verrons de même qu'en Algérie, chez les enfants de pères français,

(1) Voir notre chapitre xi.

(2) Quetelet (*op. cit.*, pages 48-49) indique une explication assez analogue à celle-ci, qui aurait été donnée par Prevost (sans doute le traducteur de Malthus) dans la *Bibliothèque universelle de Genève*, octobre 1829, pages 140 s.

le coefficient des naturels reconnus est très supérieur à celui des légitimes (1). La cause en est, pour nous, la suivante. Un homme sans postérité légitime est porté à reconnaître un fils naturel, par le désir qu'il a d'assurer la transmission de son nom, d'affirmer la continuation de sa lignée. Il n'a pas les mêmes raisons pour reconnaître une fille naturelle. De ce fait, il y aura bien plus de garçons que de filles qui bénéficieront d'une reconnaissance. Le coefficient de masculinité se trouvera donc très haut dans cette catégorie d'enfants. La cause du phénomène n'a rien d'organique ; elle est purement mentale, à notre avis du moins.

En définitive, le taux élevé de la masculinité chez les enfants légitimes ne s'explique pas nécessairement par une supériorité congénitale de ceux-ci. C'est assez pour que l'objection qu'on en pourrait tirer contre notre théorie générale ne soit pas décisive.

Et, au contraire, presque tous les faits marqués dans cette partie de notre travail sont venus à l'appui de cette théorie. L'excès de mâles, relativement considérable au début du xixᵉ siècle, va se réduisant au cours de ce siècle à mesure que l'aisance générale s'accroît et que l'hygiène collective se parfait. Il tombe à son minimum dans les pays de l'ouest européen — Angleterre et France — où ce double progrès est le plus sensible. Chez nous, il reste plus grand dans les campagnes que dans les villes, et dans les villes ordinaires que dans la capitale. Sa réduction coïncide avec celle de la mortalité, particulièrement de la mortalité infantile. Au total, elle apparaît comme un progrès.

Nous verrons bientôt d'autres faits confirmer encore ceux-là.

(1) Chapitre ix, § II.

QUATRIÈME PARTIE

Les diverses influences

—

CHAPITRE IX

Influences physiques

Sommaire. — I. *Action du lieu : diverses régions françaises.*
— II. *Suite : Algérie.* — III. *Suite : colonies.* — IV.
Action du moment : masculinité par mois.

Ainsi qu'il a été dit dans le premier chapitre de ce travail, nous ne saurions avoir l'ambition de préciser ici le mécanisme déterminateur du sexe dans toute sa complexité. Toutefois, au cours de nos recherches, nous avons été amené à nous occuper de certaines influences qui peuvent avoir agi sur lui. Nous voudrions indiquer, dans cette dernière partie de notre étude, quel rôle nous jugeons revenir à chacune d'entre elles.

Ces influences nous paraissent pouvoir être rangées en quatre grandes catégories. Suivant une distinction assez fréquemment employée dans la philosophie générale des sciences, nous les diviserons en : 1° actions physiques ; 2° actions organiques ; 3° actions mentales ; 4° actions sociales. Chacune de ces séries va faire l'objet d'un chapitre.

I

L'influence des facteurs physiques peut être étudiée, soit dans l'espace, soit dans le temps. Analysons-la, tout d'abord, dans l'espace.

Les différents milieux physiques ont-ils une action appréciable sur le coefficient de masculinité? Pour le savoir, il y a lieu d'envisager des groupes de populations appartenant à une même race et placés à un même niveau social, mais vivant dans des milieux physiques distincts, et de chercher si leurs coefficients de masculinité diffèrent. Peut-on le faire en France ?

Deux facteurs d'ordre physique paraissent surtout pouvoir influer : ce sont l'altitude et la proximité de la mer. Dans notre pays, il existe des populations montagnardes et des populations littorales assez nettement délimitées. Comme montagnards, on citera les habitants de la région alpine, ceux de la région pyrénéenne, et à certains égards ceux du massif central. Comme voisins de la mer, on songera tout d'abord aux habitants d'une île, la Corse, et à ceux d'une presqu'île, la Bretagne, puis à diverses autres populations côtières. Envisageons, par conséquent, le cas des uns et des autres.

Les départements français qui touchent directement aux cimes de la grande chaîne des Alpes sont, en allant du Sud au Nord : les Alpes-Maritimes, les Basses-Alpes, les Hautes-Alpes, la Savoie, la Haute-Savoie. Les départements voisins n'en renferment que les contre-forts, et doivent donc être ici laissés de côté. Pour les cinq départements que nous venons de nommer, nous avons fait les totaux des naissances masculines et féminines dans la période quinquennale 1901-1905, en y comprenant à la fois les nés-vivants et les morts nés. Nous les reproduisons ici (1).

Alpes-Maritimes	18.680 garçons et	17.096 filles
Basses-Alpes	6.245 »	5.900 »
Hautes-Alpes	6.615 »	6.436 »
Savoie	15.257 »	14.602 »
Haute-Savoie	16.119 »	15.242 »
Total	62 916 »	59.276 »

De ces chiffres, on tire les coefficients de masculinité suivants :

Alpes-Maritimes.	109,2
Basses-Alpes	105,8
Hautes-Alpes	102,8
Savoie	104,4
Haute-Savoie	105,7

Pour l'ensemble des cinq départements, le coefficient est de 106,1. Fait curieux, mais certain, et d'ailleurs explicable : ce coefficient d'ensemble est supérieur à quatre sur cinq des coefficients partiels des départements formant cet ensemble ; l'exceptionnelle élévation du coefficient du cinquième a suffi à produire ce résultat.

Pour apprécier la portée de ces divers coefficients, il faut les rapprocher de ceux de la France entière pendant la même période. Cherchons donc à déterminer ces der-

(1) Tous ces chiffres sont calculés d'après les données des volumes successifs de la *Statistique annuelle du mouvement de la population française.*

niers. En réunissant aux nés-vivants les morts-nés, nous trouvons pour notre pays :

En 1901	. . . .	460.245 garçons	et	437.775 filles
1902	. . . .	454.272	»	431.324 »
1903	. . . .	443.851	»	421.935 »
1904	. . . .	438.821	»	418.073 »
1905	. . . .	433.823	»	411.409 »
Total	. .	2.231.012	»	2.120.516 »

Cela nous donne pour la France entière, dans la période quinquennale 1901-1905, un coefficient de 105,16, toutes naissances comprises. Comparons à celui-ci ceux de la région alpine. Deux d'entre eux, ceux des Hautes-Alpes et de la Savoie, lui sont inférieurs. Deux autres, ceux de la Haute-Savoie et des Basses-Alpes, lui sont légèrement supérieurs ; mais l'écart dépasse à peine un demi pour cent, de sorte qu'il n'est pas caractéristique. Deux seulement lui sont très notablement supérieurs : celui des Alpes-Maritimes et celui de l'ensemble des cinq départements alpins. Mais ce dernier n'est si élevé que précisément à cause de l'influence exercée sur lui par le haut coefficient des Alpes-Maritimes. De la sorte, toute la question se réduit à expliquer ce dernier chiffre. Or, cela ne nous semble pas impossible. Le département des Alpes-Maritimes a beaucoup de caractères italiens. Une partie de sa population est d'origine italienne. On sait que le coefficient de masculinité est en Italie sensiblement plus élevé qu'en France. Pour les nés-vivants seuls, nous l'avons trouvé, en Italie, de 105,7 pendant la période 1901-1905, alors qu'il n'était en France que de 104,0 à la même date. L'écart est donc assez important. On comprend que ce fait ait sa répercussion sur la natalité dans les Alpes-Maritimes. D'autre part, ce département a aussi, en raison de son agrément, de nombreux hôtes étrangers, et ceux-ci appartiennent à des pays où le coefficient de masculinité est presque toujours plus élevé qu'en France ; cela aussi doit se traduire par un relèvement, au moins léger, de ce coefficient dans le département. Enfin, il est à peine besoin d'observer que ce département, s'il est « alpin », est d'autre part « maritime ». Les influences physiques qui s'y font sentir viennent du littoral, au moins autant que de la montagne. Il serait, par conséquent, illogique de rattacher la forte masculinité qu'il présente à une raison d'altitude. — Concluons donc : la région alpine ne témoigne pas, en France, d'une action bien nette du relief du sol sur le phénomène que nous avons à envisager.

Qu'en est-il, maintenant, de la région pyrénéenne ? Celle-ci comprend quatre départements, qui sont, en allant de l'est à l'ouest : les Pyrénées-Orientales, l'Ariège, les Hautes-Pyrénées, les Basses-Pyrénées. Nous ne faisons entrer dans cette énumération, comme pour la région alpine, que les départements qui touchent aux cimes de la chaîne centrale elle-même. Encore n'y plaçons-nous pas celui de la Haute-Garonne, qui ne confine à cette chaîne que par une faible portion d'un de ses arrondissements, celui de Saint-Gaudens, et n'a pas dans l'ensemble le caractère d'un pays de haute montagne. Pour les quatre départements que nous avons retenus, les naissances annuelles des deux sexes pendant la période 1901-1905 (morts-nés compris) nous ont permis d'établir les totaux quinquennaux suivants :

Pyrénées-Orientales. . .	13.067 garçons et	12.230 filles
Ariège	10.057 »	9.625 »
Hautes-Pyrénées	10.069 »	9.406 »
Basses-Pyrénées	25.333 »	24 433 »
Total	58.526 »	55.694 »

De la comparaison de ces chiffres se tirent les coefficients que voici : pour les Pyrénées-Orientales, 106,8 ;
pour l'Ariège, 104,4 ; pour les Hautes-Pyrénées, 107 ; pour
les Basses-Pyrénées, 103,7 ; pour l'ensemble des quatre
départements, 105,8. Ce dernier coefficient est légèrement supérieur à celui de la France entière (105,10).
Ceux de l'Ariège et surtout des Basses-Pyrénées sont assez sensiblement inférieurs à ce coefficient national. En
revanche, ceux des Pyrénées-Orientales et surtout des
Hautes-Pyrénées lui sont notablement supérieurs. Mais
on voit qu'il y a trop de différences d'un département à
l'autre, pour qu'il soit possible de formuler une induction valable pour toute la région.

Si le massif des Alpes et celui des Pyrénées ne nous
ont pas fourni d'indications nettes, à plus forte raison
serait-il impossible d'en obtenir du Plateau Central.
Celui-ci est encore moins bien délimité que les deux précédentes régions. Il est aussi bien moins élevé. On ne
peut donc pas s'attendre à ce qu'il montre les effets de
l'altitude sur la masculinité. Nous n'avons dès lors pas
jugé utile de calculer les totaux quinquennaux et les
coefficients de ses divers départements. Nous avons fait
pourtant une exception pour l'un d'entre eux, celui de la
Lozère. Pendant la même période 1901-1905, il nous a
donné 8.869 naissances masculines, contre 8.251 naissances féminines, Son coefficient est donc, pendant cette
période, 107,4. Il est fort nettement supérieur à la
moyenne nationale (105,10). Mais nous n'attribuerons pas
ce fait à l'altitude. Nous y voyons plutôt une conséquence
de la pauvreté. De tous les départements français, en
effet, la Lozère passe pour le moins riche. C'est donc à
un facteur social, non à un facteur physique, que nous
rapporterons sa forte masculinité. Notons seulement ici

que ce facteur social tient en grande partie à un facteur physique. L'altitude de ce département, et surtout ses difficultés d'accès, sont pour beaucoup dans sa pénurie. Non pas directement, mais indirectement, son relief a dû jouer quelque rôle parmi les causes déterminantes de sa natalité, et spécialement de sa masculinité.

Reste maintenant à envisager le cas des départements littoraux. La Corse est celui où l'influence de la mer doit le mieux se montrer, puisque les flots l'entourent de toutes parts. Dans les années 1901-1905, on y a enregistré 17.030 naissances masculines et 16.251 naissances féminines (nous comptons, comme dans toute cette section de chapitre, les morts-nés avec les nés-vivants). Le coefficient est donc 104,3. Il est inférieur de moins de un pour cent au coefficient national (105,16). C'est trop peu pour qu'on en puisse tirer une conclusion précise; dans un cas « privilégié » comme celui de la Corse, il faudrait un écart plus notable pour constituer une caractéristique.

Après l'île méditerranéenne, passons à la presqu'île océanique. Les cinq départements bretons forment une masse très suffisamment homogène à presque tous les égards. En 1901-1905, nous trouvons pour eux (toujours morts-nés compris) :

Ille-et-Vilaine	31.173 garçons et	29.020 filles	
Côtes-du-Nord	44.378 »	41.518 »	
Finistère	64.297 »	61.113 »	
Morbihan	41.977 »	38.833 »	
Loire-Inférieure	36.058 »	34.858 »	
Total	218.783 »	205.402 »	

Les coefficients se trouvent dès lors être : Ille-et-Vilaine, 107,4 ; Côtes-du-Nord, 106,7 ; Finistère, 105,2 ; Morbihan, 108,9 ; Loire-Inférieure, 106,0. Et celui de la Bretagne entière est 106,5. Tous ces coefficients sont supérieurs à celui de la France. Et de tous, celui qui l'est le plus appartient au département le plus pauvre, le Morbihan. Nous avons vérifié qu'il en est de même si l'on ne considère que les nés-vivants (1). Il y a dans ce fait une indication utile à retenir, car elle met sur la voie de l'explication. Une fois de plus, la plus forte masculinité se trouve dans la région la plus déshéritée. La haute masculinité du Morbihan est à rapprocher, à cet égard, de celle de la Lozère. A notre avis, si toute la Bretagne a un taux de masculinité élevé, c'est parce qu'elle est tout entière une région pauvre, où les enfants sont procréés dans de mauvaises conditions économiques. Et si le Morbihan est, de ses cinq départements, celui qui a relativement le plus de garçons, c'est qu'il est justement celui où les subsistances sont le moins abondantes, étant l'un des très rares départements français où la famine est périodiquement à craindre. Quel est en ceci le rôle des facteurs physiques, spécialement celui de la mer? Nous ne croyons pas que l'action du climat y soit pour rien. La seule influence que nous reconnaîtrions à la mer, c'est celle qu'elle exerce sur la vie économique du pêcheur breton, qui est si difficile et si précaire. Par ailleurs, le sol de la Bretagne n'est pas non plus d'une bien grande fertilité. Mais c'est sans doute dans le peu d'instruction de la population bretonne qu'il faut trouver la principale raison de sa pauvreté. Ainsi la cause de son exubérante masculinité réside : directement, dans un facteur économique, indirectement, dans un facteur intellectuel, plutôt que dans un facteur physique.

(1) Ici les coefficients sont : Ille-et-Vilaine, 104,3 ; Côtes-du-Nord, 104,6 ; Finistère, 104,0 ; Morbihan, 108,7 ; Loire-Inférieure, 104,5 ; Bretagne entière, 107,1 ; France entière, 104.

Nous avons voulu faire encore une dernière recherche sur une zone littorale, recherche liée à plusieurs de celles qui précèdent. Nous nous sommes demandé si l'examen des départements continentaux qui touchent à la Méditerranée donnerait quelque résultat. Ces départements sont : les Alpes-Maritimes, le Var, les Bouches-du-Rhône, le Gard, l'Hérault, l'Aude, les Pyrénées-Orientales. Le premier et le dernier ont déjà été rencontrés dans d'autres séries. Nous n'avons pas cru pourtant devoir les omettre ici. Par là, nous avons été amenés à comprendre dans cette série le Gard, bien qu'il ne touche la mer que sur une très petite étendue. Voici le tableau que nous avons dressé, pour le total des nés-vivants et des morts-nés de la période 1901-1905 :

Départements	Garçons	Filles	Coefficients
Alpes-Maritimes . . .	18.680	17.096	109,26
Var.	17.715	16.706	106,04
Bouches-du-Rhône . .	45.698	43.454	105,16
Gard	22.750	21.700	104,83
Hérault	25.844	24.790	104,25
Aude	15.930	15.446	103,13
Pyrénées-Orientales . .	13.067	12.230	106,84
L'ensemble	159.684	151.422	105,45

Le coefficient du département des Bouches-du-Rhône se trouve juste égal au coefficient de la France entière, et ceux des autres départements sont disposés autour de lui de façon irrégulière. L'ensemble ne constitue pas une zone différenciée.

En somme, les milieux naturels ne nous paraissent pas, en France, avoir démontré, même dans les régions les mieux délimitées, une grande action en notre matière. On objectera peut-être que, pour arriver à une conclusion certaine, il eût fallu opérer sur un plus grand nombre d'années. Nous répondrons que l'action des milieux physiques est de celles qui s'exercent avec continuité, et que, par conséquent, elle doit se faire sentir également à chaque période. Du reste, pour éviter les surprises dues à l'intrusion d'une cause purement occasionnelle, nous avons opéré, non pas sur une année, mais bien sur une période quinquennale. De plus, nous avons pris comme base, en général, non pas un département isolé (sauf quand il s'en trouvait un qui fût placé en des conditions particulièrement frappantes), mais un groupe de quatre ou cinq départements, formant une vaste région naturelle. Le total des naissances compris dans chacune de nos séries était donc suffisant pour qu'on pût en tirer une induction sérieuse. Et leur examen ne nous a point révélé de particularité qui pût être rattachée d'une façon nette à une influence d'ordre physique.

II

Nous venons d'examiner, à propos de divers départements français, l'influence possible de l'habitat sur la masculinité. Le problème pourrait être élargi. Sans sortir de notre territoire national, on pourrait en examiner des fractions où il se pose avec plus de netteté encore. Ce sont celles qui ne font pas partie du continent européen : l'Algérie, les colonies, les pays de protectorat. Nous ne songeons pas à étudier dans ces diverses régions le coefficient de masculinité des races indigènes : car celles-ci ne sont pas immédiatement comparables à la population française, et d'ailleurs la statistique n'est dressée pour elles que très imparfaitement. Mais nous pouvons chercher à savoir ce qu'y devient le taux de masculinité des Français eux-mêmes. Si nous arrivions à le déterminer, nous serions en possession d'un élément précis pour la réponse à faire à une question générale fort importante. Cette question est la suivante : le coefficient de masculinité dépend-il surtout de la race, ou surtout de l'habitat? S'il dépend surtout de la race, il sera pour les Français d'outre-mer ce qu'il est pour les Français de la métropole. Il ne le sera sans doute plus, au contraire, s'il dépend surtout de l'habitat. Voyons donc ce que les faits vont nous apprendre à ce sujet.

Un document précieux nous est fourni par la *Statistique générale de l'Algérie*, publication officielle du gouvernement général. Elle s'ouvre par une partie démographique très ample, divisée en démographie européenne et démographie indigène. La première distingue avec un grand soin les naissances suivant la provenance des parents. Elle s'attache, pour déterminer cette dernière, à des critères politiques et juridiques, et l'on comprend bien qu'elle devait le faire. Malheureusement pour nous, ceux-ci ne concordent pas toujours avec les critères ethniques, bien que souvent la coïncidence soit réalisée. Prenons comme exemple la statistique de 1908, la dernière publiée. Elle nous fait connaître (1) que, dans l'Algérie tout entière, il est né cette année-là les quantités suivantes d'enfants *vivants* :

(1) Page 7.

De Français d'origine . . . .   3.719 garçons et 3.573 filles
De parents inconnus (1) . . .   407   »   423 »
De parents naturalisés français.   3.791   »   3.642 »
De parents étrangers . . . .   2.971   »   2.899 »

Les parents naturalisés français sont eux-mêmes distingués par cette statistique en trois catégories, suivant la source dont ils ont tiré leur francisation. Les premiers ont été naturalisés en vertu du sénatus-consulte du 14 juillet 1865, qui a donné aux étrangers majeurs des facilités pour acquérir, sur leur demande, la qualité de Français. Les seconds l'on été en vertu de la loi du 26 juin 1889 (modifiée par la loi du 22 juillet 1893) laquelle a rangé d'office parmi les Français les fils d'étrangers nés sur le territoire français. Les troisièmes l'ont été en vertu du décret du 24 octobre 1870 (dit décret Crémieux) qui a conféré en bloc la qualité de Français aux israélites algériens. Les enfants issus de ces trois catégories de naturalisés ont atteint, en 1908, respectivement, les nombres suivants :

Pour la première. . . . . . .   500 garçons et   519 filles
Pour la seconde . . . .   2.180   »   2.057 »
Pour le troisième. . . . . . .   1.110   »   1.066 »

De tous ces groupes, celui qui naturellement doit nous intéresser le plus ici, c'est celui des enfants issus de Français d'origine. Car c'est celui pour lequel la comparaison avec les Français métropolitains est le plus directement possible et le plus fructueuse. Or, pour ce groupe, la statistique algérienne nous donne des détails précis. Elle le décompose, en effet, suivant la provenance des

(1) Les enfants de parents inconnus naissent français, en vertu de notre législation actuelle.

auteurs. Elle cherche d'où ceux-ci tenaient eux-mêmes leur nationalité française. Nous savons qu'il était né en 1908, de Français d'origine, 3.719 garçons. Sur leurs pères, il y en avait (1) :

```
3.485 qui étaient Français par leurs deux auteurs ;
 206       »         »        leurs pères seuls ;
  18       »         »        leurs mères seules (les pères étant
                                 inconnus) ;
  10       »         »        l'effet de la loi (les pères et mères
                                 étant inconnus).
```

Mais à ces 3.719 pères ne correspondent que 3.573 mères françaises (2). L'écart des deux chiffres tient à ce qu'on n'a fait porter la statistique que sur les mères mariées. Apparemment, 146 enfants inscrits comme nés de Français d'origine sont issus de pères français non mariés qui les ont reconnus.

D'autre part, nous savons qu'il était né en 1908, de Français d'origine, 3.573 filles, chiffre que le hasard fait justement égal à celui des mères mariées de fils français. Pour ces 3.573 filles, l'on a aussi relevé la provenance de leurs pères (3). Parmi ceux-ci, 3.416 étaient Français par leurs deux auteurs ; 138 par leurs pères seuls ; 11 par leurs mères seules ; 8 par l'effet de la loi.

Pour la même raison que précédemment, à ces 3.573 pères de filles françaises, ne correspondent que 3.392 mères françaises mariées (4).

La statistique algérienne va plus loin encore. Elle rapproche l'une de l'autre l'origine du père et l'origine

(1) Page 12.
(2) Page 14.
(3) Page 16.
(4) Page 19.

de la mère de tout enfant légitime né de deux auteur
français. Elle trouve ainsi qu'il a été déclaré en 1908 sur
le sol algérien 2.666 garçons et 2.635 filles légitimes, nés
de pères et de mères tous deux français d'origine, c'est-
à-dire français par leurs deux auteurs. Ces chiffres sont
nécessairement bien moins élevés que ceux dont nous
parlions tout à l'heure, soit 3.719 garçons et 3.573 filles :
car ceux-ci comprenaient tous les enfants qui avaient pour
parents des Français, tandis que maintenant nous sommes
en présence de ceux qui ont exclusivement des Français,
non seulement pour parents, mais aussi pour grands-
parents. Ainsi tout à l'heure il s'agissait simplement de
Français à la seconde génération, tandis que maintenant
il s'agit de Français à la troisième génération. On comprend que cette dernière catégorie soit celle qui se prête
aux rapprochements les plus probants avec les Français
de la métropole, puisque dans les deux cas la race est la
même et que l'habitat seul diffère.

Nous avons dû entrer dans d'assez longues explications sur le contenu de la statistique algérienne, parce
qu'il diffère notablement de celui de la statistique française. Cela fait, nous pouvons maintenant chercher à
utiliser ces chiffres sur l'Algérie. Nous aimerions à les
donner pour un grand nombre d'années. La publication
officielle ne nous en fournit pas le moyen. Si elle remonte à longtemps déjà, ce n'est que dans cette dernière
décade que sa partie démographique a pris de l'ampleur.
Les tableaux dont nous venons d'indiquer la matière
sont fort récents. C'est seulement depuis 1903 qu'on y
distingue les enfants français des deux sexes, suivant la
naissance de leurs parents, c'est-à-dire suivant que
ceux-ci étaient eux-mêmes : 1° français d'origine ; 2° nés
de parents inconnus ; 3° naturalisés en vertu du sénatus-

consulte de 1865 ; 4° naturalisés en vertu des lois de 1889 et de 1893 ; 5° naturalisés en vertu du décret de 1870 ; 6° étrangers. Et ce n'est que depuis 1905 qu'on a en outre indiqué le nombre des enfants des deux sexes nés français de pères et mères tous deux français par leurs deux auteurs. Comme, d'autre part, la statistique algérienne ne va que jusqu'à 1908 inclusivement, nous n'avons donc que pour six années le nombre des enfants des deux sexes issus de parents français et pour quatre années seulement le nombre des enfants des deux sexes issus de parents et de grands-parents français. Mais ces chiffres présentent déjà quelque chose d'instructif.

Commençons par l'examen des derniers, ceux qui doivent être le plus directement comparables aux nombres métropolitains. Vu la difficulté de trouver ces chiffres, que nous avons dû extraire un à un de volumes peu répandus (1), il paraît utile de reproduire ici le tableau que nous en avons dressé. Le voici donc.

Enfants de nationalité française, nés vivants en Algérie
de pères et mères tous deux français par leurs deux auteurs.

Années	Garçons		Filles	
	Légitimes	Reconnus	Légitimes	Reconnues
1905	2.592	157	2.561	111
1906	2.940	161	2.510	152
1907	2.480	162	2.502	119
1908	2.606	178	2.635	149
Totaux . . .	10.678	658	10.208	531

(1) C'est à l'Office du gouvernement général de l'Algérie, installé dans les bâtiments du Palais-Royal, qu'on a bien voulu les mettre à notre disposition.

Tirons de ces totaux des coefficients de masculinité. Pour les enfants légitimes seuls, le coefficient est de 104,6. Il serait bien plus haut pour les enfants naturels. Car, les seuls chiffres que nous ayions, ceux des enfants naturels reconnus, nous donnent un coefficient de 123,9 (1). Quant aux enfants naturels non reconnus, il est évident qu'ils ne pouvaient pas trouver place dans un tableau où l'on n'admettait que des enfants d'origine française *indiscutable*. Mais n'attachons pas trop d'importance à ce coefficient très élevé des enfants naturels reconnus, puisqu'il n'a été établi que sur une petite série. Réunissons plutôt ensemble les enfants légitimes et les enfants naturels reconnus. Nous arrivons ainsi à deux groupes, qui sont respectivement de 11.336 garçons et de 10.739 filles. Le coefficient qui s'en déduit est 105,5.

A quels chiffres français peut-on comparer ces chiffres algériens ? Les derniers ont été obtenus pour la période quadriennale 1905-1908. Pour la France, nous avons comme périodes voisines les périodes quinquennales 1901-05 et 1906-10. Il n'y a pas concordance exacte. Néanmoins, il y a un suffisant voisinage pour que la comparaison puisse s'instituer. Nous rappelons que dans la France métropolitaine le coefficient était 104,0 et 104,4 pour l'ensemble des naissances vivantes. En Algérie, il est de 105,5 pour l'ensemble des naissances vivantes de race française (c'est-à-dire pour tous les enfants nés de parents et de grands-parents français). On peut donc dire — dans la mesure où les deux ensembles sont com-

(1) L'explication en est sans doute d'ordre psychique : un homme sans enfants légitimes peut être plus porté à reconnaître son enfant naturel quand c'est un garçon que quand c'est une fille. Le fait se retrouve dans la France continentale, quoique atténué (voir chapitre VIII).

parables — que le coefficient de masculinité est en Algérie, chez les enfants de race française, assez notablement supérieur au coefficient de masculinité des enfants nés dans la France métropolitaine. Un écart de 1,5 pour 100, ou même de 1 pour 100, est en effet assez important, en notre matière, pour ne pas pouvoir être attribué (surtout quand il résulte des chiffres de plusieurs années) à des causes accidentelles.

Passons maintenant aux données que la statistique algérienne nous fournit sur la catégorie plus vaste des enfants nés de Français d'origine, sans qu'on soit fixé sur les auteurs de ces parents eux-mêmes, en d'autres termes, sur les Français, non plus de 3ᵉ, mais de 2ᵉ génération. Nous savons déjà que, pour ceux-ci, la statistique compte six ans et non plus seulement quatre ans d'existence. En outre, leurs nombres sont nécessairement plus élevés que les précédents. Pour ces deux raisons, les bases de calcul sont ici plus larges. La période considérée est aussi plus complètement comparable à la période 1901-1905 que nous fait connaître la statistique française, puisqu'elle a trois années communes avec celle-ci, au lieu d'une seule. Voici les chiffres que nous trouvons :

Années	Garçons	Filles
1903	3.692	3 482
1904	4.045	3.843
1905	3.533	3.351
1906	3.806	3.479
1907	3.400	3.380
1908	3.719	3.573
Totaux	22.195	21.108

Le coefficient de masculinité qui s'en déduit est 105,1. Il est, comme l'on voit, exactement intermédiaire entre ceux de 104,6 et de 105,5 que nous avions trouvés dans le cas précédent pour les enfants légitimes seuls et pour l'ensemble des enfants légitimes et reconnus. On peut conclure de leur rapprochement que pour les enfants algériens d'origine française, le coefficient moyen se fixe aux alentours de 105, soit un pour cent au-dessus du coefficient métropolitain.

Pendant la même période sexennale, nous avons aussi les chiffres relatifs aux enfants nés de parents autres que des Français d'origine. Ceux-ci sont divisés par la statistique algérienne en quatre catégories, que nous allons envisager successivement.

Considérons d'abord les enfants dont les auteurs ont été naturalisés en vertu des lois de 1889 et de 1893 sur la nationalité. En ce qui les concerne, les chiffres sont les suivants :

Années	Garçons	Filles
1903	1.295	1.152
1904	1.293	1.349
1905	1.699	1.566
1906	2.014	2 038
1907	2.262	2.109
1908	2.180	2.057
Totaux	10.748	10.271

Le coefficient de masculinité est, pour ce groupe, 104,6.

Passons aux enfants dont les auteurs ont été naturalisés en vertu du sénatus-consulte de 1865. Ici, nous nous trouvons en présence des données suivantes :

Années	Garçons	Filles
1903	469	452
1904	383	387
1905	396	392
1906	444	399
1907	493	435
1908	500	510
Totaux	2.690	2.584

Le coefficient de masculinité est, cette fois, égal à 104,1. La série, sans être ample, est suffisante pour qu'il y ait eu intérêt à le calculer.

Et voici maintenant ce qui concerne les enfants nés sur le sol algérien de parents étrangers :

Années	Garçons	Filles
1903	3.731	3 563
1904	3.067	2.947
1905	2.776	2.635
1906	2.740	2.834
1907	2.664	2.454
1908	2.971	2.899
Totaux	17 952	17.332

Le coefficient de masculinité est de 103,5.

Dans cette dernière catégorie ont été rangés tous les enfants d'étrangers, quelle que fût la nationalité de leurs auteurs. Il y a parmi ces derniers : des Espagnols, des Italiens, des Maltais (sujets anglais), des Allemands, etc... Faute de distinctions dans cette catégorie, on ne peut pas comparer la masculinité chez les enfants d'Espagnols, d'Italiens, d'Allemands, etc... en Algérie et dans leurs pays d'origine. Il semble seulement qu'elle soit moindre en Algérie que dans ces divers pays, puisque tous ceux-ci ont un taux de masculinité plus élevé que celui de la France continentale. Ainsi, tandis qu'en Algérie les Français verraient se relever leur coefficient de masculinité, les étrangers semblent voir y baisser le leur. Cela donne à penser que l'Algérie a ses conditions démiques propres, qui ne sont celles d'aucun des pays européens d'où elle tire ses immigrés. Peut-être aussi l'explication serait-elle partiellement la suivante. Il se produit en Algérie un mélange de toutes les populations européennes ; leurs coefficients doivent donc tendre à se niveler. Spéciale-ment, l'exogamie doit faire baisser le coefficient chez les populations où il est le plus élevé : car elle constitue une condition biologiquement favorable à la reproduction. Mais ce sont là naturellement des vues qui ont besoin d'être contrôlées par des constatations ultérieures, pour-suivies pendant de multiples années encore, et qui ne pourront devenir précises que si la nationalité originaire des auteurs vient à être inscrite dans les actes de nais-sance de leurs enfants et par suite dans les statistiques de la natalité.

Signalons encore une autre constatation que nous avons faite. Elle nous paraît curieuse et plus immédiatement explicable que la précédente.

Les quatre coefficients que nous venons de trouver sont respectivement les suivants :

Pour les enfants de Français : 105,1 ;

Pour les enfants d'auteurs naturalisés en vertu des lois de 1889 et de 1893 : 104,6 ;

Pour les enfants d'auteurs naturalisés en vertu du sénatus-consulte de 1865 : 104,1 ;

Pour les enfants d'étrangers : 103,5.

La série formée par ces quatre termes est continue et

disposée très logiquement. Aux deux extrémités se trouvent les enfants de Français et les enfants d'étrangers. Entre les deux s'insèrent les enfants de naturalisés. Parmi ces derniers, les auteurs naturalisés en vertu du sénatus-consulte de 1865, c'est-à-dire pendant leur majorité, ceux par conséquent qui sont restés longtemps étrangers, ont le coefficient de masculinité le plus voisin de celui des étrangers. Et les auteurs naturalisés en vertu des lois de 1889 et de 1893, c'est-à-dire à leur naissance ou au plus tard à leur majorité, ont le coefficient le plus voisin de celui des Français. Ce résultat se maintiendra-t-il ?

Reste encore à considérer un autre élément de la natalité algérienne. Il est fourni par les israélites indigènes, auxquels le décret de 1870 a conféré collectivement la qualité de citoyens français. Parmi les enfants des israélites naturalisés par ce décret, le rapport numérique des sexes s'est trouvé le suivant :

Années	Garçons	Filles
1903	994	969
1904	994	900
1905	· 928	882
1906	1.012	909
1907	957	923
1908	1 111	1.066
Totaux	5.996	5.649

Le coefficient de masculinité est ici égal à 106,1. C'est le plus élevé que nous ayions trouvé en Algérie. Il ne dépasse toutefois que de 1 0/0 celui des enfants nés de Français d'origine sur le sol algérien. Il serait intéressant de le comparer au coefficient de masculinité des israélites de la France métropolitaine. Mais cela n'est point possible ; car dans la métropole aucune indication d'ordre religieux ne figure dans les statistiques officielles et nos efforts pour combler cette lacune en notre matière sont, comme on le verra plus loin (1), demeurés infructueux.

Enfin, parmi les enfants auxquels la loi attribue à leur naissance la qualité de Français, figure une dernière catégorie : celle des enfants nés de parents inconnus. Cette catégorie ne peut plus faire l'objet d'un examen séparé ; car elle n'a aucune unité ethnique. D'autre part, les indications qui la concernent dans la statistique algérienne sont défectueuses : elles manquent pour 1903 et sont visiblement erronées pour 1905. Il n'y a donc pas lieu de raisonner longtemps sur elle. Donnons seulement les totaux qu'elle présente. Pour notre période sexennale, ils sont de 1.354 garçons et de 1.225 filles. N'en tirons point un coefficient, qui serait sans portée. Mais tenons compte de ces deux chiffres pour un résumé de la natalité algérienne.

Nous voici, au total, en présence de six catégories d'enfants français. Car même aux enfants d'étrangers la loi attribue provisoirement la qualité de Français, quand ils naissent sur notre sol. Il convient donc, après avoir envisagé ces groupes séparément, d'en faire maintenant le rapprochement. L'addition de tous les totaux partiels qui précèdent va nous donner l'ensemble des enfants nés vivants et français en Algérie pendant les six années 1903 à 1908 inclusivement. Nous trouvons de la sorte que cet ensemble comprend 60.825 garçons et 58.089 filles. Le coefficient de masculinité est, pour lui, de 104,7. Il

(1) Chapitre xii, § I.

n'excède donc que de $\frac{7}{10}$ le coefficient de la France métropolitaine pour la période quinquennale 1901-1905, de
$\frac{3}{10}$ environ ce coefficient pour la période 1906-1910. Et
sans doute, il a quelque chose d'un peu factice, résultant
de la fusion d'éléments ethniques assez dissemblables
(enfants d'auteurs français, espagnols, italiens, allemands,
israélites indigènes, etc ..). Mais en France aussi ne
s'opère-t-il pas un incessant mélange des races? Quoi
d'étonnant, dès lors, si les résultats de deux synthèses
analogues, sur des territoires peu éloignés, se res-
semblent beaucoup?

N'oublions pas, d'ailleurs, qu'en matière algérienne les
constatations manquent forcément d'étendue, au moins
dans la durée. La conquête de l'Algérie, commencée en
1830, ne s'est pas achevée très vite. L'unification légale
des éléments de sa population n'a été tentée que depuis
1865, par étapes et incomplètement. Les mœurs, plus
fortes que la loi, n'ont point encore pleinement établi
parmi eux la « libre circulation du sang ». Enfin la statistique de la natalité n'est développée que depuis 1903
et il lui reste des progrès à faire. Ce n'est donc que dans
un certain temps qu'on pourra porter, sur les questions
qu'elle soulève, un jugement assuré. Les divers groupes
ethniques s'affirmeront-ils avec des coefficients de masculinité nettement distincts ? Se fondront-ils en une seule
race algérienne, ayant son coefficient de masculinité caractéristique ? Ce dernier sera-t-il voisin du coefficient
français, ou s'en écartera-t-il visiblement ? A toutes ces
questions l'avenir seul pourra répondre. Les constatations
par nous faites n'ont pour but que de préparer à comprendre les solutions qu'il fournira.

III

Poursuivons la même enquête. En dehors de l'Algérie, existe-t-il des territoires sur lesquels les naissances soient assez nombreuses et assez exactement relevées pour nous fournir des documents sur notre question?

En Tunisie, il a été fait au 15 décembre 1901 un dénombrement de la population française (1). Il indiquait 12.917 hommes et seulement 11.283 femmes. On y relevait les enfants français nés en Tunisie depuis dix ans; il s'y trouvait :

De moins de 5 ans : 1.029 garçons et 974 filles;
De 5 à 10 ans : 589 garçons et 613 filles.

Ces renseignements étaient loin de répondre à notre problème.

Et, malheureusement, on n'en a pas eu depuis lors de plus complets. Au contraire, le dénombrement de 1906 ne contient plus aucune donnée en ce qui concerne ce point. On doit d'autant plus regretter l'absence d'une statistique annuelle du mouvement de la population en Tunisie, que les chiffres qui auraient pu être donnés par cette statistique eussent été assez élevés pour permettre vraisemblablement une conclusion, au moins provisoire, et un rapprochement avec l'Algérie.

Administrativement, l'Algérie relève du ministère de l'intérieur : la Tunisie, du ministère des affaires étrangères; les autres possessions françaises, du ministère

(1) *Rapport adressé au Résident général par le directeur de l'agriculture et du commerce,* 1902.

des colonies. Nous passons maintenant à ce dernier groupe. Il existe à son sujet une publication intéressante, la *Statistique de la population dans les colonies françaises en 1906*, dressée à une même date pour toutes nos possessions par ordre du ministre des colonies. Nous allons en analyser les résultats en rangeant les territoires suivant un ordre géographique, sans nous inquiéter de leur distinction purement politique en colonies proprement dites et pays de protectorat.

Voici d'abord l'Afrique Occidentale française. Elle comprend elle-même cinq territoires, parfaitement distincts. Dans le courant de l'année 1906, il était né en vie de parents français, au Sénégal, 52 garçons et 5 filles légitimes, 2 garçons et 4 filles naturels-reconnus, aucun enfant naturel non reconnu ; il y avait en outre 5 morts-nés masculins et 5 féminins. Du moins ce sont là les chiffres de la publication officielle (1). Mais il est permis de ne les accepter que sous réserves. L'écart entre 52 garçons et 5 filles est en effet trop grand pour que son exactitude soit vraisemblable. — Dans les quatre autres parties de l'Afrique occidentale française, les chiffres tombent beaucoup plus bas, à cause de l'extrême rareté des femmes françaises pouvant vivre et se reproduire sous ces climats. Ils sont respectivement de :

2 garçons et 1 fille légitimes en Guinée (2) ;
1 fille légitime à la Côte d'Ivoire (3);
1 garçon légitime au Dahomey (4);
1 garçon et 1 fille légitimes au Haut-Sénégal et Niger (5).

(1) Page 20.
(2) Page 50.
(3) Page 86.
(4) Page 110.
(5) Page 130.

Ces chiffres, à la différence des précédents, paraissent vraisemblables. Seulement il est évident qu'ils sont beaucoup trop faibles pour qu'on en puisse tirer une conclusion.

Quant au Congo français, il ne nous fournit aucune indication quelconque.

Envisageons maintenant les possessions françaises de l'Afrique orientale. Dans l'île de la Réunion, la statistique distingue (1) les enfants de pères et mères européens et les enfants nés dans ce qu'elle appelle « la population créole ». Les enfants nés de pères et mères européens se divisent eux-mêmes en deux groupes. Les uns sont Français ; en voici, pour 1906, la décomposition :

Légitimes.	350 garçons et	332 filles
Reconnus.	30 »	21 »
Non reconnus	54 »	50 »
Morts-nés.	27 »	22 »
	461 »	434 »

Les autres sont étrangers ; mais, de ces derniers, la statistique ne donne pas les nombres. Quant aux enfants nés dans « la population créole », il y a tout lieu de croire que cette expression est prise en un sens nouveau, que des exigences d'ordre politique ont fait introduire récemment. Autrefois, on désignait sous le nom de « créoles » des blancs nés aux colonies, par opposition aux blancs immigrés, c'est-à-dire nés en Europe. Les nègres nés dans la colonie furent plus tard appelés « noirs créoles », par opposition avec les nègres importés. Après leur libération au milieu du xixᵉ siècle, et surtout lorsqu'ils ont reçu des droits politiques, ils se sont attribué le nom de « créoles » (sans plus), regardé par eux

(1) Page 156.

comme un titre. Ce nom a été alors abandonné par les blancs nés dans la colonie, qui ont préféré se confondre avec les blancs immigrés sous le nom commun de « population d'origine européenne ». Vu l'importance numérique des noirs, qui étaient la majorité, la désignation qu'ils s'attribuaient a passé dans la statistique administrative. De la sorte, celle-ci dénomme aujourd'hui créoles les descendants des anciens esclaves qui peuplaient l'île séculairement, et aussi des fils d'Africains, d'Hindous et de Chinois immigrés, pourvu qu'ils soient nés dans la colonie et de nationalité française ; sont également compris sous ce nom les métis nés du croisement de ces diverses races entre elles et avec les blancs. Le nombre des enfants nés dans la « population créole » ainsi définie était, en 1906, de 777 garçons et 828 filles. On peut supposer, ici encore, que l'exogamie est pour quelque chose dans la réduction du nombre des garçons. Mais, au point que cette réduction semble atteindre, elle nous paraîtrait excessive, voire même pathologique. Seulement, les chiffres donnés par la statistique sont-ils en cette matière fort exacts ?

Pour les autres colonies françaises de l'Afrique orientale, à savoir Madagascar, Mayotte et les Comores, le protectorat de la Côte des Somalis, le volume que nous analysons ne donne aucun renseignement. Mais en ce qui concerne Madagascar, nous possédons un autre document qui vient, pour l'année suivante, combler cette lacune. La *Statistique générale de Madagascar pour 1907* donne le chiffre des naissances qui se sont produites cette année-là dans la population d'origine européenne, militaires non compris (1). Les tableaux indiquent, comme nés de pères et mères français :

(1) Page 6.

Légitimes.	130 garçons et	129 filles
Reconnus.	13 »	22 »
Non-reconnus	12 »	21 »
Morts-nés.	17 »	11 »

Le sens anormal dans lequel l'écart se produit — et d'une façon très marquée — entre les deux sexes dans les seconde et troisième ligne de ce tableau, n'est pas sans jeter sur lui quelque ombre de suspicion. Peut-être cependant n'y a-t-il là que le résultat de causes occasionnelles, toujours bien plus frappant pour de faibles séries que pour de vastes ensembles.

Passons aux colonies d'Asie. Le volume général, relatif à la statistique de la population dans les colonies françaises en 1906, dont nous nous sommes servi tout à l'heure, va de nouveau nous fournir ici des indications. Pour les établissements français de l'Inde, il signale, comme nés de pères et mères français pendant cette année, 3 garçons et 3 filles légitimes (1). — Pour l'Indo-Chine, cinq territoires sont à distinguer dans nos possessions. La Cochinchine, qui est la plus ancienne de celles-ci et qui a proprement le caractère de colonie, a enregistré, en 1906, comme enfants issus de pères et mères français (2) :

Légitimes.	72 garçons et	63 filles
Reconnus	0 »	5 »
Non reconnus	3 »	2 »
Morts-nés.	0 »	4 »

Les quatre territoires qui vont suivre sont simplement des pays de protectorat et la main-mise de la France y est plus récente. Aussi la statistique y est-elle

(1) Page 264.
(2) Page 286.

un peu moins précise. Au Cambodge, on comptait en 1906, comme nés de pères et mères français, 9 garçons et 6 filles légitimes (1). En Annam, on relevait à la même date, comme nés de pères et mères européens, et non pas seulement de pères et mères français, 27 garçons et 22 filles, y compris les enfants naturels reconnus ou non et les morts-nés (2). Au Tonkin, on trouvait de même un ensemble de 87 garçons et de 98 filles nés de parents européens (3). Au Laos, on signalait, comme issus d'auteurs européens, 7 garçons et 6 filles (4). — Enfin, hors de l'Indo-Chine, mais rattaché à elle administrativement, le territoire de Kouang-Tchéou-Wan, donné à bail par la Chine à la France, n'avait vu naître en 1906, de parents français, qu'un garçon et une fille légitimes (5).

En Amérique, le cas des îles Saint-Pierre et Miquelon mériterait particulièrement d'être considéré, car ici la population est tout entière d'origine française, et une comparaison serait intéressante à faire entre son coefficient de masculinité et celui de la métropole. Malheureusement, les chiffres, que nous n'avons que pour une année, sont trop faibles pour permettre une conclusion. Les voici pourtant (6). Sont nés dans ces îles de pères et mères français (on ne distingue pas suivant que les parents sont nés eux-mêmes en France ou dans la colonie) pendant cette année 1906 :

(1) Page 312.
(2) Page 382.
(3) Page 411.
(4) Page 402.
(5) Page 505.
(6) Page 521.

Légitimes.	65 garçons et	77 filles	
Reconnus	1 . »	1 »	
Non reconnus	3 »	0 »	
Morts-nés.	4 »	3 »	

Aux Antilles, nous espérions trouver des chiffres sur la Guadeloupe et la Martinique. Pour la première de ces deux colonies, le volume que nous analysons divise la population existante en trois groupes : Français nés en France, Français nés dans la colonie, étrangers. Mais il ne donne aucune indication sur les naissances. Pour la Martinique, celles-ci sont relevées, en distinguant entre la population européenne et la population créole : ce dernier terme a probablement ici le sens que nous avons précisé déjà en parlant de la Réunion. Voici d'abord le tableau des naissances constatées dans la population européenne, à la Martinique, en 1906 (1). Etaient nés au total (c'est-à-dire y compris à la fois les nés-vivants, légitimes, reconnus, non reconnus, et les morts-nés) :

De père et mère européens { français. .	11 garçons et	11 filles	
{ étrangers .	10 »	13 »	
De père européen et de mère créole . .	24 »	33 »	
De mère européenne et de père créole .	0 »	0 »	
	45 »	57 »	

Les deux dernières lignes de ce tableau confirment un fait bien connu des anthropologistes. Les unions entre blancs et gens de couleur se font toujours dans un même sens : père blanc, mère colorée ; et jamais dans le sens opposé. « Même dans les unions temporaires, disait A. de Quatrefages (2), la femme répugne à déchoir. L'homme n'a pas de ces délicatesses. » Et voici maintenant les chiffres des naissances relevées par la statistique, dans

(1) Page 548.
(2) *L'espèce humaine.*

la même île et pendant la même année, parmi la population créole (1) :

Fort-de-France	249 garçons et	267 filles
Autres communes	1.989 »	1.986 »
	2.238 »	2.253 »

On remarquera que, tant dans la population européenne que dans la population créole, le nombre des naissances féminines l'emporte sur celui des naissances masculines. Nous n'avons pas le moyen de savoir si c'est là un résultat purement occasionnel, ou si, au contraire, il se reproduit d'année en année.

Pour la dernière de nos colonies américaines, la Guyane française, on ne trouve, dans le volume statistique dont nous dépouillons ici les données, aucun chiffre sur le sexe des naissances.

Il ne nous reste plus à considérer que les colonies océaniennes. Pour la plus importante d'entre elles, la Nouvelle Calédonie, le tableau des naissances en 1906 est le suivant (2). Au total, sont nés de :

Père et mère européens { français . .	205 garçons et	204 filles
{ étrangers. .	2 »	1 »
Père européen, mère métisse	2 »	1 »
Mère européenne, père métis	0 »	0 »
Père européen, mère indigène. . . .	12 »	13 »
Mère européenne, père indigène . .	0 »	0 »

Ce tableau n'est pas sans intérêt. Notamment, il confirme le fait que nous relevions tout à l'heure à la Martinique, à propos des unions mixtes. Mais, ici encore, les documents d'une année ne sauraient suffire.

(1) Page 557.
(2) Page 572.

Enfin, en ce qui concerne le groupe de Tahiti et de ses dépendances — qui est officiellement dénommé « Etablissements français de l'Océanie » — notre volume est muet sur les naissances.

On voit, en somme, combien sont limités les renseignements que nous possédons sur les colonies françaises, et par conséquent combien seraient fragiles les conclusions générales qu'on chercherait à formuler à leur sujet (1).

IV

Nous venons d'envisager l'influence du milieu physique en tant qu'elle s'exerce dans l'espace. Mais il faut aussi l'envisager d'une autre manière, comme s'exerçant dans le temps. On conçoit, en effet, que cette action ne soit pas la même à toutes les époques de l'année, qu'elle varie par exemple aux différentes saisons avec la température. Il est donc intéressant d'étudier, à cet égard, la variation du coefficient de masculinité en un même lieu, mois par mois.

La chose a été tentée hors de France. Düsing l'a fait pour la Prusse, en y suivant les naissances par mois, depuis 1878 jusqu'à 1887. Il a trouvé une inversion curieuse entre le taux de la natalité et celui de la masculinité. Les mois qui ont la plus forte natalité — mai et juin — ont la moindre masculinité. Inversement, ceux qui comptent le moins de naissances — septembre et

(1) Il nous a été dit, à l'Office colonial, qu'une publication analogue à celle des résultats de 1900 serait faite tous les cinq ans pour l'ensemble de nos colonies.

octobre — comptent relativement le plus de garçons (1).
Ces faits, nous ne saurions affirmer qu'ils ont été exac-
tivement relevés. Mais, s'ils l'ont été, nous les croyons
susceptibles d'interprétation dans notre théorie. Les périodes où l'aisance s'élève donnent une forte natalité,
car la reproduction est une suite constante de la nutrition. Mais en ces périodes, suivant nos vues, l'amélioration des conditions économiques doit réduire l'excès
des mâles. Inversement, dans les périodes de malaise,
la natalité doit se restreindre et la proportion des mâles
se relever. En outre, si l'on admet que le sexe de l'enfant
est déterminé dès sa conception, on va voir cette interprétation se compléter par la part qu'elle peut faire à
l'influence du milieu physique. Les enfants nés en mai
et juin ont été conçus, normalement, en août et en septembre, donc en été. C'est l'époque où, grâce au climat,
la vie est la plus facile, où le minimum d'existence exige
le moins de frais, où les toxines sont le plus aisément
éliminées. C'est donc logiquement celle où il doit être
engendré le plus d'enfants et relativement le plus de
filles. Inversement, les enfants nés en septembre et octobre ont été conçus en janvier et en février. C'est la
saison rigoureuse, celle où, dans la classe sociale la plus
nombreuse et la plus pauvre, toutes les ressources sont
absorbées par la lutte contre le froid et la faim. L'alimentation plus précaire doit y déterminer un recul de la
natalité et aussi une plus forte proportion de mâles parmi
les enfants procréés (2).

(1) Grünspan, *op. cit.*, page 15-17.

(2) Peut-être voudra-t-on voir quelque contradiction entre ce
qui vient d'être dit et ce que nous avons indiqué plus haut (chapitre VI, § II) au sujet du rapport entre la natalité et la masculinité. Car là nous montrions qu'en France, dans le cours du

Il serait bon de pouvoir vérifier ces inductions par des constatations faites en France. Nous l'avons essayé. Pour la France dans son ensemble, la décomposition de la population suivant le mois de la naissance n'est donnée que dans un seul document récent : le recensement de 1901. Nous y trouvons l'indication de la population présente totale, au 24 mars 1901, par sexes, avec celle du mois de naissance pour les enfants de moins d'un an (1). Malheureusement, ce n'est là que l'indication des enfants vivants ; ce n'est pas celle de tous les enfants nés dans la dernière année ; les morts des mêmes mois n'y sont

XIXᵉ siècle, la natalité et la masculinité ont baissé en même temps, tandis qu'ici nous voyons se produire entre ces deux phénomènes une sorte d'inversion. Mais il n'y a là qu'une opposition tout apparente. Car d'abord il s'agissait pour la France d'un phénomène permanent, la baisse continue des deux coefficients, tandis qu'il s'agit pour la Prusse d'un phénomène périodique, le mouvement de ces coefficients mois par mois. On pourrait concevoir qu'un même pays présentât ces deux phénomènes à la fois : au cours d'un siècle, ses taux annuels de natalité et de masculinité baisseraient sans cesse, mais dans l'intérieur d'une même année son taux mensuel de masculinité irait en s'élevant quand son taux mensuel de natalité s'abaisserait et inversement. D'autre part, les causes générales du mouvement de la natalité ne paraissent pas être entièrement les mêmes dans les deux pays. La baisse de la natalité en France a surtout une cause psychique : le désir qu'ont les parents de ne pas se grever de charges trop lourdes ; elle est liée à leur esprit d'épargne. Il semble qu'en Allemagne les causes purement organiques agissent plus librement : voilà pourquoi les mois où la vie est plus facile y ont montré plus de conceptions. Sans doute, en ces dernières années, les tendances jusqu'ici caractéristiques de la France ont aussi pénétré en Allemagne ; mais ce fait est postérieur aux constatations de Düsing.

(1) *Résultats du recensement de 1901*, tome IV, page 357.

pas compris ; nous n'avons donc pas le total des enfants venus au monde pendant les différents mois de cette année ; ce tableau se trouve ainsi inutilisable pour notre enquête. Nous avions espéré que cette lacune serait comblée dans le recensement de 1906. Il n'en est rien, et même celui-ci sera en recul sur le précédent. Car il ne donnera point de tableau correspondant à celui dont nous venons de parler. — A vrai dire, la place logique de celui que nous demandons serait, non dans les volumes du recensement quinquennal, mais dans la statistique annuelle du mouvement de la population. Il constituerait, en effet, un document de démographie cinématique et non de démographie statique. Mais on nous a répondu, au Service de la statistique générale de la France, qu'on n'avait pas les ressources suffisantes pour l'établir et le publier chaque année.

Ne possédant point les renseignements désirables pour l'ensemble de notre pays, nous avons cherché si nous ne pourrions nous les procurer pour celle de ses fractions où la statistique est le plus complètement organisée : la ville de Paris. Nous avons prié le chef des travaux statistiques de cette cité, le Dr Jacques Bertillon, de faire dresser le tableau des naissances, par sexes et par mois, pour les dix années comprises dans le xxe siècle. Les éléments pouvaient en être empruntés à la statistique hebdomadaire que son service dresse régulièrement. Il a bien voulu accéder à notre souhait et nous faire parvenir un tableau de ces naissances mensuelles. Celui-ci, à la vérité, contient à la fois plus et moins que ce que nous demandions. Il renferme un peu plus, car il embrasse même l'année 1900, — qui appartient au siècle précédent, à notre avis tout au moins, — et aussi les deux premiers mois de l'année 1911. Et il renferme sensiblement moins, car une lacune se trouve l'interrompre depuis octobre 1903 jusqu'à décembre 1905. En somme, il donne l'intégralité des années 1900 à 1902, les neuf premiers mois de l'année 1903, l'intégralité des années 1906 à 1910, et les mois de janvier et février 1911. Pour que la comparaison entre les mois fût exacte, il nous a paru nécessaire de ne faire entrer dans nos totaux que des années complètes. Nous avons donc laissé de côté les neuf premiers mois de 1903 et les deux premiers de 1911. Nos additions embrasseront ainsi huit années : 1900 à 1902 inclusivement, 1906 à 1910 inclusivement. La lacune qui les sépare est assez courte pour que la série ainsi formée puisse être considérée comme suffisamment homogène. Les données qui nous ont été fournies portent uniquement sur les enfants nés-vivants. Elles distinguaient entre les légitimes et les illégitimes. Mais nous avons cru pouvoir les réunir dans nos totaux. Nous donnerons ici seulement ces derniers, avec les coefficients que nous en avons tirés. En additionnant les enfants nés-vivants pendant la totalité des huit années considérées, on trouve 212.953 garçons et 203.935 filles, ce qui donne un coefficient de 104,42. Celui-ci est, comme on le voit, assez voisin des coefficients successifs (1), donnés pour la masculinité du département de la Seine de 1901 à 1906 par la *Statistique annuelle de la population*. Examinons maintenant les naissances mois par mois, en faisant le total des enfants nés pendant chacun de ces mois dans l'ensemble de nos huit années. Voici le tableau auquel nous sommes arrivé à cet égard.

(1) 102 ; 102 ; 103 ; 104 ; 103 ; 104.

Mois	Garçons	Filles	Coefficients
Janvier	18.593	18.093	102,70
Février	17.636	17.147	102,85
Mars	18.821	18.523	101,60
Avril	18.118	17.764	102,57
Mai.	17.674	17.239	102,52
Juin	17.299	16.824	102,82
Juillet.	18.497	17.857	103,58
Août	17.550	17.036	103,01
Septembre	17.036	16.273	104,68
Octobre	16.897	16.505	102,43
Novembre	16.776	16.158	103,83
Décembre	17.765	16.496	107,69

Ce tableau ne donne pas des résultats concordant avec ceux de Düsing. On remarquera cependant que certains des faits qu'il met en lumière sont susceptibles de l'interprétation que nous avons proposée pour les chiffres de l'auteur allemand. Ainsi le coefficient de masculinité le plus élevé se trouve en décembre, et correspond par conséquent aux procréations du mois de mars ; or, dans la dernière décade, mars a été un mois très rigoureux à Paris. Inversement, le coefficient de masculinité le moins élevé se trouve en mars ; il correspond donc aux procréations de juin ; or juin s'est trouvé favorisé dans notre capitale, en toutes ces dernières années ; c'est peut-être, de tous les mois, celui où la température y a rendu le travail le plus facile et le plus fructueux. Notre théorie générale se verrait donc encore confirmée par ces données.

Par ailleurs, on ne manquera pas de remarquer que :

1° Deux mois seulement, septembre et décembre, ont dans notre tableau un coefficient de masculinité supérieur à la moyenne générale (104,42) ;

2° Celle-ci est à peu près équidistante du maximum (107,69 en décembre) et du minimum (101,60 en mars) ;

3° Les six premiers mois ont tous un coefficient inférieur à 103, tandis que les six derniers, sauf octobre, ont un coefficient supérieur.

Nous ne tenterons pas l'explication de ces divers faits, qui ne prendront de valeur que si l'expérience des décades ultérieures vient les confirmer.

Encore moins essaierons-nous de pousser la recherche jusqu'aux subdivisions du mois, de chercher le coefficient de masculinité par semaine, par jour et par heure. De semblables enquêtes ont parfois été tentées pour la natalité. Elles nous paraîtraient sans portée pour la masculinité.

Nous nous bornerons à signaler, en terminant, quelques opinions qui ont été émises sur diverses relations du sexe avec le temps. En premier lieu, il en est une assez répandue, semble-t-il, chez les accoucheuses françaises. C'est que, dans les familles ayant plusieurs enfants, le sexe de chacun de ceux-ci serait lié par une loi astronomique à celui de l'enfant qui le précède : il naîtrait un garçon, quand le précédent enfant serait né pendant que la lune croît, une fille dans le cas contraire. Cette idée, que certains hommes de science autorisés ne considèrent pas comme sans fondement, se rattache à la vue, suivant laquelle la lunaison influerait sur les phénomènes de la menstruation. Il est certain que pour l'établir, aussi bien que pour la ruiner, d'une manière définitive, il faudrait qu'on eût relevé, dans un nombre de cas extrêmement considérable, le sexe des enfants successifs d'une même famille et les dates de leurs naissances. Est-il besoin de dire que de pareils relevés nous font presque complètement défaut?

En second lieu, on doit citer une théorie, née celle-là chez des hommes d'étude, et qui peut être considérée à certains égards comme une généralisation de la précédente. C'est qu'il y aurait, pour les organismes des parents, et en particulier pour les organismes maternels, des périodes masculines et des périodes féminines. Les organismes passeraient par des phases alternantes ; pendant les périodes de la première série, ils donneraient des garçons ; pendant celles de la seconde, ils produiraient des filles. Cette théorie est assurément assez hasardeuse. On ne peut pourtant pas l'écarter *a priori*. Pour la juger en connaissance de cause, il faudrait des documents individuels. Ils ne pourraient nous être fournis que par des monographies démiques de familles, dont nous préciserons bientôt la nature et le contenu.

CHAPITRE X

Influences organiques.

SOMMAIRE. — I. *Relation du sexe de l'enfant avec l'état organique de ses parents, spécialement avec leur âge. — II. Relation des sexes des enfants simultanés ou successifs des mêmes auteurs. — III. Relation du sexe de l'enfant avec les organismes ancestraux : le coefficient de masculinité est-il héréditaire ?*

Sur la détermination du sexe d'un enfant peuvent s'exercer des actions organiques de divers ordres. Les plus importantes sont, à coup sûr, celles qui tiennent à l'état somatique de ses parents directs. Mais on peut aussi concevoir que certaines viennent des autres enfants de ceux-ci, ou bien d'ascendants plus éloignés. Envisageons donc tour à tour ces diverses influences possibles.

I

L'on dit assez souvent qu'il existe entre les deux auteurs d'un enfant, lors de sa conception, une sorte de lutte pour savoir lequel aura sur lui le plus d'action. Comme conséquence de ce conflit, ce serait le plus vigoureux des deux parents qui donnerait son sexe au rejeton. Cette idée, répandue dans le public, a trouvé créance chez des écrivains. C'est ainsi qu'un démographe allemand, von Fircks, croit pouvoir expliquer l'excédent habituel des naissances masculines sur les naissances féminines, par le fait que l'organisme paternel est d'ordinaire plus vigoureux que l'organisme maternel (1). Il semble que cette dernière vue soit trop générale : toutes sortes de raisons peuvent donner à une femme des supériorités biologiques partielles sur son mari, de sorte que la question de savoir lequel des deux conjoints est le plus fort ne se peut trancher que par l'examen des cas individuels et n'est pas susceptible d'une réponse d'ensemble.

Au reste, l'idée courante pourrait même être retournée. S'il y avait réellement conflit entre les organismes des deux parents pour la détermination du sexe de l'enfant, il n'est pas dit que le vainqueur donnerait à celui-ci son propre sexe. On pourrait aussi bien comprendre qu'il lui donnât le sexe complémentaire du sien. C'est ainsi que l'on a souvent observé que des hommes supérieurs se sont continués surtout par leurs filles, tandis que des femmes remarquables ont transmis à leurs fils leurs principales qualités. C'est ce que l'on a appelé « l'hérédité croisée », et il n'est pas impossible qu'un croisement analogue existe pour la transmission du sexe. Nous avons vu, au chapitre premier, que telle est l'idée soutenue par E. Bugnion.

Mais, sur tout cela, l'on ne peut jusqu'à présent apporter, en ce qui regarde l'humanité, que des hypothèses.

(1) *Die Berufs-und Erwerbstätigkeit der eheschliessenden Personen*, 1889, cité par Grünspan.

Une théorie plus tangible, plus précise, plus vérifiable, est celle qui attache l'importance maîtresse à l'âge des parents. Elle se relie, d'ailleurs, directement aux précédentes. Car l'âge est un des éléments de la force, et la vigueur relative des deux parents doit tenir, en bonne partie tout au moins, à leurs années respectives. L'on a donc cherché, et cela très fréquemment, à expliquer le sexe de l'enfant par les âges de ses auteurs ou de l'un d'eux.

A cet égard, des vues fort diverses ont été émises. Certains auteurs s'attachent à l'âge du père seul ; d'autres, à l'âge de la mère seule ; certains ne considèrent que le cas où le père et la mère sont d'âges analogues ; d'autres, à l'inverse, ne se préoccupent que de l'écart existant entre les âges de ces deux auteurs ; d'autres enfin, au lieu d'envisager leur écart absolu, examinent leur écart relatif, c'est-à-dire rapporté à ces âges, ou, en d'autres termes, le rapport mathématique des mêmes âges. Cé sont naturellement ces dernières théories qui se rapprochent le plus de l'idée courante sur le conflit des organismes des deux parents. Elles le font surtout lorsqu'elles se placent, pour évaluer ce rapport, au moment de la conception, bien que certains de leurs partisans préfèrent se placer au moment du mariage. Nous n'entrerons pas dans un exposé détaillé de ces systèmes, tous plus ou moins *a priori*. Nous nous bornerons à signaler brièvement ceux qui nous paraissent avoir une véritable importance, et cela dans leur ordre d'apparition historique.

En 1828, un auteur allemand, Hofacker (1), qui avait

(1) *Ueber Eigenschaften, welche sich bei Menschen und Tieren vererben.*

réuni et comparé 1.996 cas, en concluait que le coefficient de masculinité s'élève avec l'âge relatif du père par
rapport à la mère, et que c'est le plus âgé des deux
époux qui a le plus de chances de donner son sexe à
l'enfant. Il ajoutait que le coefficient s'élève aussi avec
l'âge absolu des deux auteurs.

Presque ausssitôt après, en 1830, et par une voie indépendante, un écrivain anglais, Sadler (1), émettait une
théorie analogue. Il avait procédé à l'examen de 2.068 cas
pris dans les registres de la pairie britannique. Sa conclusion coïncidait avec les vues d'Hofacker sur l'âge
relatif des deux parents.

Le système commun à Hofacker et à Sadler a d'abord
été confirmé par diverses investigations postérieures.
Mais il s'est ensuite vu ébranlé par plusieurs autres. Des
débats passionnés se sont ouverts en Allemagne sur
cette question, certains auteurs persistant à soutenir ce
système, certains en prenant le contre-pied, certains
proposant une solution transactionnelle.

Kollmann, en 1890 (2), a dressé des tables tirées de
l'observation de données très amples. Il n'avait pas
réuni moins de 800.000 cas. Ceux-ci avaient été empruntés
à l'Alsace-Lorraine, à la Norvège, à la ville de Berlin, au
grand-duché d'Oldenburg. Au terme de cette vaste investigation, il arrivait à dire que les coefficients de masculinité étaient de :

103,6 quand le père est plus	Âgé que la mère
107,8   »   aussi   »
108,7   »   moins   »

(1) *The law of population.*
(2) *Einfluss des Alters der Eltern auf das Geschlecht der Geborenen.*

Ainsi le coefficient, suivant lui, va diminuant quand l'âge relatif du père croît. C'est exactement l'inverse du système d'Hofacker et Sadler. La proposition de Kollmann tire sa valeur du grand nombre de cas observés. Mais, ce qui l'affaiblit singulièrement, c'est le fait que ces données sont empruntées à un milieu non homogène.

Düsing (1) a formulé une hypothèse intermédiaire. Suivant lui, le coefficient de masculinité minimum se rehcontrerait entre deux coefficients maxima. Ces deux maxima correspondraient, respectivement, au cas du père âgé et au cas du père jeune. Le minimum se trouverait dans le cas du père d'âge moyen.

Grünspan (2), qui a résumé les théories de tous ses prédécesseurs, a aussi apporté une contribution personnelle à l'étude de la même question. Il a examiné toutes les naissances légitimes de la ville de Berlin, depuis 1878 jusqu'à 1905. Cela donne un ensemble important de 1.180.323 cas, d'autant plus digne d'attention qu'il est tiré d'un milieu homogène. Raisonnant sur lui, l'auteur constate que le coefficient de masculinité baisse quand l'âge du père s'accroît. Quant à l'âge de la mère, l'influence qu'il exerce n'apparaît pas clairement. Grünspan remarque seulement que les très jeunes mères, comme les très jeunes pères, donnent un coefficient particulièrement élevé. L'ensemble de ces résultats lui paraît confirmé par les données que fournissent l'Alsace-Lorraine, le grand-duché d'Oldenburg et la ville de Dresde. Voilà les conclusions auxquelles il arrive sur l'action des âges isolés des deux auteurs. — D'autre part,

(1) *Die Regulierung des Geschlechtsverhaeltnisses bei der Vermehrung der Menschen, Tiere und Pflanzen, Iéna, 1884.*

(2) *Op. cit.*

il a aussi cherché à préciser celle de l'écart de ces âges.
Il trouve ainsi les résultats suivants. A Berlin, le coefficient de masculinité est à son minimum quand le père a
8 ou 12 ans de plus que la mère. Il va en se relevant
quand l'écart s'éloigne de ce chiffre, dans un sens ou
dans l'autre. Il se relève surtout lorsque, en outre, le
père est le plus jeune des deux conjoints. Enfin, pour
un écart donné, le coefficient monte avec l'âge de la
mère.

En ce qui nous concerne personnellement, nous voudrions aussi concourir, dans la modeste mesure de nos
forces, à faire avancer la solution de ce difficile problème
par le dépouillement des données propres à notre patrie.
Malheureusement, nous ne pouvons 'pas en avoir sur la
France tout entière. La *Statistique du mouvement de la
population* est en effet muette sur cette question. Mais
cette lacune se trouve, du moins, comblée en ce qui concerne notre capitale. L'*Annuaire statistique de la ville de
Paris* consacre depuis longtemps deux tableaux par an
aux enfants nés vivants et aux enfants morts-nés,
suivant les âges de leurs auteurs, divisés en groupes de
cinq ans. Dans chacun de ces tableaux, on obtient ainsi
jusqu'à 112 groupes, dont plusieurs ne comptent que
quelques unités. Sur notre demande, le D' Jacques
Bertillon a bien voulu faire dresser dans son service,
pour les enfants nés vivants, un tableau récapitulatif de
ces divers groupes, pour la période quinquennale
1896 à 1900 et pour la période quinquennale 1901 à 1905.
Opérant sur ce tableau, nous avons additionné les résultats de ces deux périodes. Nous avons laissé de côté
toutes les séries qui n'atteignaient pas, pour l'ensemble
de ces dix ans, un total de 2.000 unités ou presque : car,
au-dessous de ce chiffre, la série est trop faible pour

permettre aucune conclusion ; Hofacker et Sadler eux-mêmes étaient arrivés à ce total. Pour les séries qui l'atteignent, nous avons calculé les coefficients de masculinité. On trouvera ici les chiffres auxquels nous aboutissons.

Naissances vivantes, à Paris, de 1896 à 1905 (inclusivement)

A. *Mère de moins de 20 ans*

I. Père de moins de 25 ans.
    1.962 garçons,   1.856 filles,   Coefficient : 105.
II. Père de 25 à 29 ans.
    4.414 garçons,   4.317 filles,   Coefficient : 102.

B. *Mère de 20 à 24 ans*

I. Père de moins de 25 ans.
    9.493 garçons,   8.678 filles,   Coefficient : 109.
II. Père de 25 à 29 ans.
    30.152 garçons,   29.138 filles,   Coefficient : 103.
III. Père de 30 à 34 ans.
    14.165 garçons,   14.013 filles,   Coefficient : 108.

C. *Mère de 25 à 29 ans*

I. Père de moins de 25 ans.
    3.140 garçons,   2.884 filles,   Coefficient : 108.
II. Père de 25 à 29 ans.
    23.510 garçons,   23.484 filles,   Coefficient : 100.
III. Père de 30 à 34 ans.
    24.999 garçons,   23.494 filles,   Coefficient : 106.
IV. Père de 35 à 39 ans.
    12.611 garçons,   11.337 filles,   Coefficient : 111.

D. *Mère de 30 à 34 ans*

II. Père de 25 à 29 ans (1).
    6.406 garçons,   5.991 filles,   Coefficient : 107.

(1) Le groupe I (père de moins de 25 ans) est trop faible pour être reproduit ici.

III. Père de 30 à 34 ans.
    15.921 garçons,   15.814 filles,   Coefficient : 100.
IV. Père de 35 à 39 ans.
    12.805 garçons,   12.225 filles,   Coefficient : 105.
V. Père de 40 à 44 ans.
    5.274 garçons,   5.478 filles,   Coefficient : 96.

E. *Mères de 35 à 39 ans*

III. Père de 30 à 34 ans (1).
    3.604 garçons,   3.466 filles,   Coefficient : 104.
IV. Père de 35 à 39 ans.
    7.368 garçons,   7.052 filles,   Coofficient : 104.
V. Père de 40 à 44 ans.
    6.237 garçons,   6.407 filles,   Coefficient : 97.
VI. Père de 45 à 49 ans.
    2.740 garçons,   2.545 filles,   Coefficient : 107.

F. *Mères de 40 ans et au-dessus*

V. Père de 40 à 44 ans (2).
    2.378 garçons,   2.488 filles,   Coefficient : 95.
VI. Père de 45 à 49 ans.
    1.914 garçons,   1.752 filles,   Coefficient : 100.

Tels sont les chiffres auxquels nous ont conduits nos calculs, pour toutes les séries de quelque étendue. Nous croyons leur donner un aspect plus démonstratif en les disposant en un tableau à double entrée. Voici donc celui-ci :

(1) Les groupes I (père de moins de 25 ans) et II (père de 25 à 30 ans) sont trop faibles pour être reproduits ici.

(2) Les groupes I, II, III et IV (pères au-dessous de 40 ans) sont trop faibles pour être reproduits ici.

Age du père	Age de la mère					
	moins de 20 ans	20 à 24 ans	25 à 29 ans	30 à 34 ans	35 à 39 ans	40 ans et plus
Moins de 25 ans . .	105	109	108			
25 à 29 ans. . . .	102	103	100	107		
30 à 34 ans. . . .		108	106	100	104	
35 à 39 ans. . . .			111	105	104	
40 à 44 ans. . , .				96	97	95
45 à 49 ans. , . .					107	109

Ce tableau donnera lieu de notre part à plusieurs séries de remarques. Considérons d'abord les âges absolus des deux auteurs. Le coefficient de masculinité est élevé, quand ces âges sont *simultanément* ou au-dessous, ou au-dessus de la moyenne : il est de 105 à 109 pour les parents très jeunes, de 107 à 109 pour les parents âgés. L'explication en est aisée dans notre théorie : ces conditions ne sont pas celles de la plus grande vigueur pour les époux ; elles doivent donc donner un excédent de garçons.

Considérons maintenant les âges relatifs des deux auteurs. Il est intéressant, dans notre théorie, de fixer le point où le coefficient de masculinité tombe à son minimum. Car c'est celui qui doit correspondre aux conditions les meilleures, celui que l'on peut considérer comme le point *optimum*. Pour le déterminer, on peut ordonner les résultats ci-dessus trouvés, soit par rapport à la mère, soit par rapport au père.

En ordonnant par rapport à la mère, on trouve que le coefficient de masculinité est minimum :

Pour une mère de moins de 20 ans, avec un père de 25 à 29.   102
»   »   20 à 24   »   »   25 à 29.   103
»   »   25 à 29   »   »   25 à 29.   100

Pour une mère de 30 à 34 ans, avec un père de 30 à 34.   100
»   »   »   »   ou   »   40 à 44.   96 (1)
Pour une mère de 35 à 39 ans,   »   40 à 44.   97
»   »   40 ou plus   »   40 à 44.   95

En somme, pour les mères les plus jeunes, le coefficient minimum se trouve dans le cas d'union avec un père légèrement plus âgé ; pour les autres mères, il se trouve dans le cas d'union avec un père sensiblement du même âge.

En ordonnant maintenant par rapport au père, on trouve que le coefficient de masculinité est minimum :

Pour un père de moins de 25 ans, avec une mère de moins de 20.   105
»   »   25 à 29   »   »   25 à 29.   100
»   »   30 à 34   »   »   30 à 34.   100
»   »   35 à 39   »   »   35 à 39.   101
»   »   40 à 44   »   »   40 ou plus.   95
»   »   45 à 49   »   »   35 à 39.   107

La conclusion est que le minimum se trouve, pour les pères d'âge moyen, dans des unions avec des mères du même âge ; pour les pères les plus jeunes ou pour les moins jeunes, dans des unions avec des mères un peu moins âgées. Les deux façons d'ordonner les résultats conduisent naturellement, sur tous les points où la coïncidence était possible, à des résultats concordants.

(1) De ces 2 chiffres, 100 et 96, le premier est le plus important à considérer, parce qu'il a été obtenu avec des groupes trois fois plus forts (15.000 unités, au lieu de 5 000).

La conclusion qui se dégage de tout cela, c'est qu'une égalité d'âge approximative entre les époux aurait plus de chances que tout autre rapport d'âges, d'amener l'égalité approximative du nombre des garçons et du nombre des filles issus de ces unions.

Nous avons voulu soumettre cette conclusion à une vérification par une autre méthode. L'*Annuaire statistique de la ville de Paris* nous en fournit le moyen. Car, après avoir donné les tableaux dont nous l'avons tirée, il en donne chaque année un autre, plus petit, dans lequel il indique le nombre des garçons et celui des filles d'après la différence d'âge des époux légitimes. Nous avons opéré sur ce dernier tableau, en nous plaçant dans des conditions qui fussent assez différentes des précédentes pour éviter la coïncidence, mais assez analogues toutefois pour permettre le contrôle. Dans ce but, nous avons cette fois considéré, non plus les enfants nés vivants seuls, mais l'ensemble des nés vivants et des morts-nés. Et, de plus, nous avons envisagé, non pas les dix années 1896-1905, mais les années comprises dans le xxᵉ siècle pour lesquelles l'*Annuaire* nous renseignait, c'est-à-dire les huit années 1901-1908 (1). En procédant de la sorte, nous avons formé le tableau suivant (page 177).

Nous n'avons pas jugé utile de faire entrer dans ce tableau les cas extrêmes : celui où le mari a plus de quinze ans de plus que la femme, et celui où la femme a plus de cinq ans de plus que le mari. Car chacun d'eux compte moins de mille unités par an, et répond à une situation relativement rare.

(1) Le volume donnant les chiffres de 1909 n'a paru que postérieurement.

Différence d'âge entre les époux	Garçons	Filles	Coefficient
Le mari a 10 à 14 ans de plus que la femme.	17.004	15.304	111,1
Le mari a 5 à 9 ans de plus que la femme.	57.760	53.947	107,1
Le mari a 1 à 4 ans de plus que la femme.	61.087	56.685	107,5
Le mari a le même âge que la femme.	11.367	11.827	96,1
Le mari a 1 à 4 ans de moins que la femme.	17.806	16.719	106,5

Tel qu'il est, ce tableau met un fait en évidence. C'est que le coefficient de masculinité minimum se trouve dans le cas où les deux époux sont du même âge. Il est même alors particulièrement faible, puisqu'il tombe très notablement au-dessous de 100.

Ce résultat vient donc confirmer d'une façon frappante celui que nous avions trouvé précédemment. Comme les deux masses d'enfants desquelles ils étaient tirés ne sont pas identiques, il ne faut pas voir ici la simple preuve mathématique de l'exactitude de la première opération. Il y faut voir la constatation biologique d'un état de choses permanent.

On peut donc tenir pour acquis ce résultat que, à Paris, dans les années 1896 à 1908, le coefficient de masculinité minimum se trouve dans le cas d'égalité d'âge approximative entre les époux. Ce résultat est fort différent de celui que Grünspan a trouvé à Berlin pour la période 1878 à 1905, puisque le coefficient minimum déterminé par lui correspondait à un écart d'âge de 8 à 12 ans. Mais la divergence de ces deux résultats n'est de nature à infirmer ni l'un ni l'autre. Car il se peut parfaitement que dans des milieux aussi éloignés que Paris et Berlin le fait dont nous nous occupons revête des aspects très différents. Et pourtant il n'est pas sans intérêt de noter que, dans l'un comme dans l'autre, il s'est trouvé un même phénomène : c'est que, à un certain rapport d'âges entre les époux (fort différent dans les deux cas, à la vérité), correspondait un coefficient de masculinité minimum, et que au-dessus comme au-dessous de ce rapport le coefficient se relevait. Nous nous garderons d'ailleurs de croire que les chiffres trouvés par nous aient une valeur définitive, même pour Paris. L'avenir seul pourra dire s'ils se maintiennent ou s'ils doivent être modifiés. Jusque-là, tout essai d'interprétation nous paraîtrait prématuré en ce qui les concerne.

D'autres questions pourraient encore se poser, au sujet de l'influence exercée par l'âge des parents sur le sexe de leurs enfants. C'est ainsi que nous avons envisagé jusqu'ici cet âge tel qu'il est au moment de la naissance du rejeton. Mais d'autres investigateurs ont pensé qu'il fallait plutôt le considérer tel qu'il était au moment du mariage. Dans l'enquête statistique sur les familles de fonctionnaires français, dont nous avons déjà parlé et à laquelle nous allons revenir dans un instant, on s'est placé à ce point de vue. La partie de cette enquête faite en 1906 et 1907 a porté notamment sur des ouvriers de l'Etat et des communes ; elle a compris 5.087 cantonniers pour lesquels on a relevé le sexe des enfants et l'âge du père lors du mariage (1). On a ainsi trouvé les coefficients de masculinité suivants :

105,3 pour un père âgé de moins de 25 ans au mariage,
101,3   »   25 à 34   »   »
102,7   »   35 ans ou plus   »

(1) *Rapports au Conseil supérieur de statistique*, 1908, page 38.

Toutefois, ce dernier coefficient n'a été donné que sous de grandes réserves ; car les deux groupes d'enfants dont il est tiré sont très petits (185 garçons et 180 filles). Et, d'une façon générale, il nous paraît que, dans cet ordre d'idées, il faudrait des recherches plus étendues pour qu'une conclusion fût formulée avec assurance.

A cette considération de l'âge des parents au mariage, s'en rattache une autre : celle de la durée du mariage au moment de la naissance de l'enfant considéré. Elles sont corrélatives et complémentaires, car en additionnant l'âge des parents au mariage et la durée du mariage on retrouve l'âge des parents à la naissance de leur rejeton. Sur ce dernier élément — la durée du mariage — nous avons des indications suivies dans l'*Annuaire statistique de la ville de Paris*. Celui-ci, dans les tableaux où il donne les naissances par sexes suivant l'âge des parents, indique aussi la durée du mariage. Nous avons dépouillé ces tableaux à ce dernier point de vue, pour les années comprises dans le xxe siècle. Les années 1901 à 1908 ont fait l'objet de nos calculs. Voici le tableau que nous avons pu dresser, pour l'ensemble des enfants légitimes nés vivants à Paris dans cette période, au point de vue qui vient d'être défini.

Durée du mariage	Garçons	Filles	Coefficient
1 an	41.187	39 551	104,38
2 ans.	20.888	19.889	105,22
3 ans	16.268	15.219	106,03
4 ans	12.856	12.143	105,70
5 à 9 ans	35.212	34.569	101,85
10 à 14 ans.	14 270	13.892	102,72
15 à 19 ans.	5.228	5.189	100,75
20 ans et plus..	1.621	1.630	99,44

Ce tableau met en évidence la baisse du coefficient de masculinité pour les années comprises dans sa seconde partie. Tandis que le nombre des garçons est en excédent notable pour les quatre premières années de mariage, il surpasse à peine le nombre des filles pour les dix années suivantes, et au delà il ne lui est plus qu'égal ou même tend à tomber au-dessous, mais cela d'une quantité infime. Nous serions porté à interpréter ces faits en disant que l'équilibre des deux sexes parmi les rejetons, lequel nous paraît être l'état normal, n'est atteint qu'au bout de quelques années, pendant lesquelles des conditions défectueuses font prédominer les garçons (1). Mais il faudrait des recherches nouvelles pour fixer les idées sur ce point.

Nous croyons qu'il faut rapprocher et distinguer tout ensemble de la question précédente, celle de l'influence que peut avoir, sur le sexe des enfants à naître, l'âge des éléments sexuels dont le concours les formera. Nous avons dit au chapitre premier qu'une théorie ingénieuse, due à Thury, avait jadis attribué à l'âge relatif de ces deux éléments le rôle capital. Après avoir eu son heure de vogue, cette théorie semble être tombée dans le discrédit. Les expériences faites sur les animaux domestiques lui ont donné tort, et, naturellement, il ne saurait être question de les reprendre sur des êtres humains.

Mais il y a un aspect sous lequel elle pourrait, chez

(1) Par exemple, le mariage peut avoir été trop précoce. A son début, les époux ne sont pas aussi pleinement adaptés à leur vie commune qu'ils le seront plus tard. Ils sont souvent moins aisés, économiquement, à cette date qu'à une période ultérieure. Ils sont moins soucieux d'hygiène générale et d'hygiène sexuelle en particulier.

eux, comporter le contrôle de l'observation. Voici, en effet, la forme qu'elle tend à revêtir dans certains milieux médicaux où elle se survit. Quand la fécondation de la femme a lieu peu après les règles, après la chute de l'ancien ovule, c'est un ovule jeune qui va être fécondé. Le spermatozoïde est donc plus âgé que lui, d'ordinaire. Il est, par suite, plus fort, et c'est lui qui l'emporte dans la lutte des deux éléments sexuels pour déterminer le sexe du produit. On a donc plus de chances, en ce cas, d'avoir un rejeton mâle. Au contraire, quand la fécondation a lieu longtemps après les règles, l'ovule a eu le temps de mûrir; souvent plus âgé que le spermatozoïde, c'est lui qui donnera son sexe à l'enfant. — On voit que cette théorie repose sur plusieurs idées qui toutes nous ont paru contestables : celle d'une lutte entre les deux gamètes; celle que le vainqueur imposera *son* sexe; celle que la force respective de ces deux éléments est mesurée par leur âge. — Comment pourrait-on être fixé sur la valeur de cette théorie pour l'espèce humaine? Il faudrait, pour un nombre de cas élevé, rapprocher la date des règles, de la date de la conception et du sexe du produit. Mais comment connaître la première de ces dates? Il est bien évident que nos statistiques actuelles sont muettes sur ce point. Seule l'investigation patiente de médecins, soit dans leur clientèle privée, soit dans leurs services hospitaliers, pourrait fournir aujourd'hui des résultats à cet égard. Nous n'avons pas ouï dire qu'aucun ait entrepris des recherches positives sur la question.

Enfin, il est encore un problème biologique qu'il convient d'indiquer ici, à propos de la relation du sexe de l'enfant avec l'organisme maternel. Une théorie qui eut son heure de crédit voulait que, des deux ovaires de la femme, l'un produisit des ovules mâles, l'autre des ovules femelles. On en concluait que, quand le premier entrait en action, le rejeton était un garçon ; et que c'était une fille, quand le second opérait. Cette théorie était en quelque sorte symétrique à celle dont nous avons parlé plus haut (1) et d'après laquelle il y aurait des périodes masculines et des périodes féminines dans le fonctionnement maternel. Seulement, la précédente s'attachait à l'alternance des périodes, tandis que celle-ci s'attache à l'alternance des ovaires : l'une se fondait sur la considération du temps, l'autre repose sur celle de l'espace. A vrai dire, elles pouvaient se combiner : car rien n'est plus aisé d'admettre que les deux ovaires fonctionnent alternativement.

Seulement, aujourd'hui, on est beaucoup plus embarrassé pour soutenir la dernière. En effet, des faits cliniques sont venus dresser devant elle une objection. L'ablation d'un seul ovaire est actuellement une opération chirurgicale courante. Or, on a plusieurs fois observé que, après cette ablation, la femme opérée avait encore des garçons et des filles. C'est donc que le seul ovaire qui lui restât pouvait produire des ovules et des œufs des deux sexes. Aussi n'entend-on plus guère parler de la sexualité des ovaires.

II

Pour faire apparaître les actions biologiques qui peuvent déterminer le sexe d'un enfant, il fallait considérer en premier lieu les organismes de ses deux au-

(1) Chapitre ıx, dernier paragraphe.

teurs. Mais il n'est pas non plus sans intérêt d'envisager, dans le même but, les relations qui unissent cet enfant aux rejetons divers des mêmes parents.

A cet égard, il faut d'abord distinguer deux cas : celui des enfants simultanés et celui des enfants successifs. Le premier appelle l'examen statistique de la gémellarité. Nous n'avons pas de documents sur les enfants jumeaux pour l'ensemble de la France. Mais nous en possédons pour la ville de Paris. Dans son *Annuaire statistique*, nous avons constaté d'une façon continue les phénomènes suivants. Les naissances doubles indiquées par cette publication sont au nombre d'environ 350 à 400 chaque année. Leur chiffre exact ne peut pas être donné avec certitude, et les rédacteurs de l'annuaire ont l'impression qu'il est légèrement supérieur au chiffre marqué : car un certain nombre de cas de gémellarité n'ont sans doute pas été déclarés et n'apparaissent pas sur les registres de l'état civil, par exemple parce que l'un des jumeaux était mort-né et ne figure, par suite, qu'au registre des décès, tandis que l'autre, né vivant, a été inscrit au registre des naissances. Quoi qu'il en soit, les jumeaux signalés par la statistique se divisent en trois groupes, qui sont toujours sensiblement égaux numériquement chaque année : dans le premier, les jumeaux sont tous deux masculins ; dans le second, ils sont tous deux féminins ; dans le troisième, l'un est un garçon et l'autre une fille. Il est inutile de chercher à connaître la proportion numérique précise de ces trois groupes, vu la cause d'erreur qui vient d'être indiquée dans les relevés statistiques et qui vicierait forcément tout calcul. En d'autres termes, deux fois sur trois environ, les jumeaux sont du même sexe ; une fois sur trois, de sexes différents. Les naissances triples sont seulement au nombre moyen de trois à cinq par an. On y trouve toutes les combinaisons : trois garçons, trois filles, deux garçons et une fille, un garçon et deux filles. Quant aux naissances quadruples, elles sont exceptionnellement rares : nous n'en avons trouvé que deux depuis le commencement du xx⁰ siècle.

Venons-en maintenant au cas des enfants successifs. Le sexe varie-t-il suivant le rang de l'enfant considéré? En d'autres termes, la proportion des garçons est-elle plus forte parmi les premiers-nés, parmi les seconds-nés, parmi les troisièmes-nés, etc..., ou bien est-elle la même pour toutes ces catégories d'enfants? La question a été souvent soulevée à l'étranger, particulièrement dans les pays où les familles sont nombreuses. Une statistique autrichienne de 1851, citée notamment par le Dʳ Bertillon père dans son article *Natalité* du *Dictionnaire des sciences médicales*, indique qu'il y a plus de garçons chez les premiers-nés que chez les enfants ultérieurs, tout au moins quand on est en présence d'une descendance légitime ; il en serait autrement dans la descendance illégitime. Grünspan a trouvé à Berlin (1) des coefficients de masculinité décroissant du 1ᵉʳ enfant (106,82) au quatrième (104,14), puis subissant du cinquième au dixième une curieuse alternance de hausse et de baisse. Corrado Gini a essayé de dresser la courbe générale du phénomène pour l'ensemble des pays fournissant des données (2). En France, pendant longtemps, on n'en a possédé aucune. Cela tient à ce que la question est moins intéressante chez nous qu'ailleurs, pour deux raisons, l'une d'ordre démique, l'autre d'ordre juridique. La pre-

(1) *Op. cit.*, p. 36.
(2) *Op. cit.*, table annexée à la page 382.

mibre est que dans notre pays les familles nombreuses sont assez rares. La seconde est que notre législation ne conserve plus guère trace des anciens droits d'aînesse et de masculinité, ce qui est loin d'être le cas partout. Cependant, à une date récente, on s'est préoccupé de combler cette lacune de nos statistiques. Dans l'enquête sur les familles des fonctionnaires, commencée en 1906 (1), on a posé à ceux-ci une série de questions relatives à leur descendance. Notamment le questionnaire leur demandait le nombre de leurs enfants, le sexe de chacun d'eux et la date de sa naissance (2). On a pu ainsi arriver à des informations précises et d'une certaine étendue. Au début de l'enquête, lorsqu'on n'avait encore dépouillé qu'un nombre assez restreint de réponses, on a cru que les coefficients de masculinité se relevaient avec le rang des enfants. Mais ensuite, les documents venant à se multiplier, on a constaté que c'était l'inverse qui était le vrai. On a maintenant dépouillé les indications relatives à près de 600.000 enfants de fonctionnaires, employés et ouvriers de l'Etat et des communes, et on a trouvé que les coefficients de masculinité décroissent avec le rang. Dans son rapport sur ces résultats (3), M. Lucien March s'exprime ainsi : « Suivant l'ordre de la naissance dans la famille, le nombre des garçons pour

(1) Nous avons indiqué plus haut (chapitre II, § III) les conditions dans lesquelles cette enquête a été ouverte et conduite.

(2) *Rapports au Conseil supérieur de statistique*, en 1903 (extrait du bulletin n° 10) : rapport préliminaire de la commission de la statistique des fonctionnaires, page 38.

(3) *Rapports au Conseil supérieur de statistique* ; commission de la statistique des fonctionnaires : rapport sur les conditions démographiques générales des familles de fonctionnaires, 22 février 1911, page 6.

100 filles décroît régulièrement à mesure que l'ordre de la naissance augmente, surtout chez les employés. Chez les ouvriers, les premiers-nés ont une très forte masculinité ; celle-ci est plus faible et stationnaire quand on passe des deuxième aux cinquième nés ; elle diminue ensuite. Ces observations confirment les remarques faites en divers pays sur la forte proportion des garçons parmi les premiers-nés. » Ajoutons que cette élévation du taux de masculinité chez les premiers-nés concorde avec l'élévation que nous avons constatée dans le cas des parents très jeunes et rattachée alors à notre théorie générale.

L'enquête dont nous parlons a mis aussi en lumière un autre phénomène. En 1889, un auteur allemand, Geissler, en dépouillant les bulletins de naissance fournis par la Saxe Royale pendant les dix années 1876-1885, avait remarqué que les sexes de deux enfants consécutifs des mêmes auteurs étaient plus souvent semblables qu'on n'eût dû s'y attendre *a priori*. Cette curieuse liaison a préoccupé le Service de la statistique générale de la France. M. Emile Borel, professeur de théorie des fonctions à la Faculté des Sciences de l'Université de Paris, et membre du Comité technique institué près de ce Service, a repris la question en la traitant au point de vue mathématique. Elle relève, en effet, par un certain côté, du calcul des probabilités. On connaît le problème des boules noires et de boules rouges. Soit une urne qui contient des boules noires et des boules rouges en rapport numérique défini ; si l'on extrait au hasard des boules de cette urne, quelle probabilité y a-t-il pour que, après une boule noire, une seconde boule de même couleur vienne à sortir ? A cette question, le calcul des probabilités donne une réponse. Eh bien, les enfants masculins et les

enfants féminins peuvent être comparés aux boules noires
et aux boules rouges. Comme il y a dans notre pays une
moyenne de 51 naissances masculines et de 49 naissances
féminines pour 100, on supposera qu'il a été mis dans
une urne 51 boules noires et 49 boules rouges. On cherchera par le calcul quelle est la probabilité pour que,
dans ces conditions, la sortie d'une boule noire soit suivie d'une autre sortie semblable, c'est-à-dire pour qu'une
naissance masculine soit suivie d'une autre naissance
masculine. Puis l'on comparera les résultats ainsi fournis par le calcul à ceux que donne l'observation. S'ils
concordent, c'est que le hasard seul — ou, si l'on préfère,
la loi des grands nombres — préside à la succession des
sexes. S'ils diffèrent, c'est que quelque relation spéciale
unit l'un à l'autre les sexes de deux enfants successifs.
Examinons donc ce qui en est. Les bulletins recueillis
dans l'enquête sur les familles de fonctionnaires — que
l'on peut regarder comme placées dans les conditions
normales de la natalité française — permettent de réunir des données assez amples pour que l'observation soit
suffisamment représentée en face de la prévision mathématique. Ces données sont allées, naturellement, en
s'élargissant à mesure que le dépouillement de la dite
enquête se poursuivait. Voici d'abord les résultats d'un
premier dépouillement, terminé au début de 1908. Nous
les reproduisons d'après le texte officiel (1).

____

(1) *Rapports au Conseil supérieur de statistique* (extrait du bulletin n° 10) : rapport préliminaire de la commission de la statistique des fonctionnaires, pages 39-40. Ce « rapport préliminaire »
préparé par le Service de la statistique générale, porte la date
du 22 février 1908 et la signature de M. Yves Guyot, président de
la commission de la statistique des fonctionnaires.

« Les deux aînés d'une famille ayant au moins deux enfants donnent les résultats suivants :

Désignation	Nombre de familles ayant deux enfants	
	Du même sexe	De sexes différents
Employés	277	252
Ouvriers	3.129	2.939
	3.406	3 191

On voit que les nombres de la première colonne sont sensiblement plus grands que ceux de la seconde. L'écart est supérieur à ce que laisserait prévoir la théorie, aussi bien chez les employés que chez les ouvriers... Ici, le rapport $\frac{3.191}{3.406}$ est égal à $1 - \frac{1}{16}$.

Si l'on détermine un rapport analogue pour les couples des seconds et troisièmes enfants, on trouve

$$\frac{2.188}{2.266} = 1 - \frac{1}{29}.$$

Enfin, lorsque l'on procède à la même comparaison pour l'ensemble des groupes de deux enfants successifs à partir du troisième, on obtient le rapport

$$\frac{3.820}{3.826} = 1 - \frac{1}{637}.$$

Dans ce cas, le rapport est celui auquel on devait s'attendre. »

En somme, dirons-nous, d'après ces constatations, il arrive que deux enfants successifs soient du même sexe, plus souvent qu'on n'aurait pu le prévoir par le calcul des probabilités. Et cela arrive surtout plus souvent quand on considère les enfants nés les premiers.

Le document que nous venons de citer, outre ces indications, nous donne, dans ses annexes, des renseignements numériques dont nous pouvons encore tirer parti. Il contient en effet divers tableaux, dont les additions, faites pour la plupart par nous, montrent ceci :

1° Chez les employés des administrations centrales des ministères, un garçon est né 325 fois après un garçon et 248 fois après une fille ; une fille est née 255 fois après un garçon et 206 fois après une fille (1).

2° Chez les cantonniers, un garçon est né 2.904 fois après un garçon et 2.733 fois après une fille ; une fille est née 2.783 fois après un garçon et 2.683 fois après une fille (2).

3° Chez les autres ouvriers : un garçon est né 1.727 fois après un garçon et 1.565 fois après une fille ; une fille est née 1.575 fois après un garçon et 1.610 fois après une fille (3).

Donc, au total, et en fondant ensemble ces trois catégories : un garçon est né 4.956 fois après un garçon et 4.546 fois après une fille ; une fille est née 4.613 fois après un garçon et 4.544 fois après une fille.

Pour les garçons, les cas où ils suivent les garçons sont, aux cas où ils suivent les filles, comme 109 est à 100. Or, 109 est fort supérieur au coefficient moyen de masculinité. L'enfant qui suit un garçon a donc sensiblement plus de chances qu'un enfant quelconque pour naître du sexe masculin.

D'autre part, après des filles, il est né presque autant de filles (4.544) que de garçons (4.546). Or, d'après la

(1) Pages 56-57.
(2) Pages 58-59.
(3) Pages 66-67.

proportion usuelle, il eût dû en naître beaucoup moins. L'enfant qui suit une fille a donc sensiblement plus de chances qu'un enfant quelconque pour naître du sexe féminin.

De ces constatations et de ces raisonnements, résulte la même conclusion que celle à laquelle, par une autre voie, les rédacteurs du Rapport de la commission de la statistique des fonctionnaires étaient arrivés. C'est que la similitude du sexe entre deux enfants successifs se présente plus souvent qu'on n'eût pu s'y attendre *a priori*. C'est, par suite, que quelque raison spéciale doit lier leurs sexes l'un à l'autre.

Ces vues sont-elles confirmées par les résultats des dépouillements ultérieurs de la même grande enquête ? Elles le sont pleinement. En effet, à la session de l'Institut international de statistique, tenue à Paris en juillet 1909, M. Lucien March faisait une communication sur *La distribution des sexes parmi les enfants consécutifs d'une même mère*. Il y utilisait les données fournies par le dépouillement des bulletins provenant de 112.223 familles de cantonniers répartis sur tout le territoire français. Et voici ce qu'il y disait notamment. « Parmi ces familles, 36.379 ont eu exactement deux enfants... Le nombre des couples d'enfants de même sexe est de 18.504, tandis qu'on compte seulement 17.875 enfants de sexe différent. Dans les 75.844 familles ayant eu plus de deux enfants, le nombre des couples d'enfants consécutifs du même sexe est 38.704 ; celui des couples d'enfants consécutifs de sexe différent est 37.140. — D'après ces résultats, on peut former le tableau suivant :

Sur 10.000 couples d'enfants consécutifs

Désignation	Nombre de couples unisexués	
	Calculé	Observé
Ensemble des enfants. . . .	5.003	5.098
Deux premiers nés.	5.004	5.087
Autres	5.002	5.103

On voit que la proportion des couples unisexués est sensiblement plus forte que ne le ferait prévoir la théorie fondée sur l'indépendance des sexes des deux enfants. »

Enfin, à la date du 11 octobre 1910, M. Lucien March voulait bien nous faire connaître sur notre demande, par une note manuscrite, les résultats relatifs à l'ensemble des enfants nés d'employés et d'ouvriers des services publics compris dans l'enquête. Les voici :

Désignation	Nombres observés		Nombres calculés	
	Couples unisexués	Couples de sexes différents	Couples unisexués	Couples de sexes différents
1er et 2e enfants. . .	71.274	69.554	70.442	70.336
2e et 3e enfants . . .	45.851	44.473	42.180	45.144
2 enfants successifs à partir du 3e . . .	75.802	72.423	74.142	74.083

Les nombres calculés ont été obtenus en supposant la probabilité de naissance d'un garçon égale à $\frac{51}{100}$, rapport déterminé sur l'ensemble des enfants-nés.

On voit que l'écart entre la prévision et la réalité persiste, toujours dans le même sens. L'observation donne un nombre de couples unisexués plus grand que celui que le calcul des probabilités ferait prévoir. Le fait de la liaison des sexes entre enfants successifs peut donc être considéré, dans les limites de l'enquête, comme établi. Est-il possible d'en découvrir la cause ?

Plusieurs explications viennent à l'esprit : 1° Cette concordance tiendrait à ce que, dans les deux procréations envisagées, les deux organismes paternel et maternel seraient, l'un par rapport à l'autre, dans le même état de force respective. 2° Elle proviendrait d'une commune action du milieu, notamment de la nutrition, soit sur les organismes des deux auteurs, soit sur l'organisme maternel, soit (par l'intermédiaire de ce dernier) sur l'organisme de l'enfant. 3° Elle dériverait d'une influence exercée sur l'organisme maternel par le plus anciennement né des deux enfants. On voit que les deux premières de ces hypothèses se rattachent à des théories générales sur la détermination du sexe, que nous avons signalées antérieurement dans notre travail. — Nous devons encore en signaler une quatrième, qui est d'ordre, non plus physiologique, mais psychologique. Suivant les rédacteurs du Rapport présenté en 1908 au nom de la commission de la statistique des fonctionnaires (1), on pourrait voir dans le phénomène qui nous occupe un résultat « des tendances des parents, ceux-ci étant peu disposés à avoir un nouvel enfant quand les deux premiers ont été soit deux garçons, soit deux filles, ou les trois premiers trois garçons ou trois filles ».

Mais cette hypothèse ne serait admissible que si les

(1) Page 40.

couples d'enfants considérés étaient les derniers nés parmi les rejetons de mêmes parents. Or, c'est un point sur lequel est muette l'enquête qui a motivé ce rapport. Restent donc seules en présence les trois précédentes hypothèses, dont la seconde est elle-même susceptible de trois formes. Entre elles, nous avouons n'avoir pas le moyen de choisir dans l'état présent de notre savoir.

Sur les rapports des sexes entre enfants successifs, une question se pose encore. N'y aurait-il pas lieu de chercher quel intervalle a séparé les naissances de ces enfants? Le temps écoulé entre leurs conceptions ne pourrait-il être pour quelque chose dans la similitude ou au contraire dans la différence de leurs sexes? Le dépouillement complet de l'enquête sur les familles de fonctionnaires permettrait de répondre à cette question, puisque la date des diverses naissances d'enfants était demandée aux agents interrogés. Mais par malheur ce dépouillement n'a été publié jusqu'à présent que pour les 14.000 enfants étudiés dans le rapport préliminaire de 1908, et les groupes formés en tenant compte à la fois de l'intervalle des naissances, du sexe des deux enfants successifs et de leurs rangs dans l'ensemble des enfants des mêmes auteurs sont trop petits pour permettre des conclusions. Il faut attendre la publication des résultats relatifs à l'ensemble des 600,000 enfants compris dans l'enquête, pour se prononcer sur ces points délicats en quelque connaissance de cause.

Enfin, dans le même ordre d'idées, mais en prenant les choses à un point de vue plus général, voici un problème que nous aimerions voir résolu. Au total, la masculinité est-elle plus forte quand l'ensemble des enfants issus de mêmes auteurs est plus nombreux? En d'autres termes,

pour les rejetons d'un couple, la masculinité croît-elle
avec la natalité elle-même ? L'auteur américain J.-B. Nichols (1) l'affirme, en citant à l'appui de son dire les opinions de von Janse, Geissler et Körösy. Nous ne serions
pas surpris qu'il en fût ainsi, et nous croirions aussi volontiers que, avec les taux de natalité et de masculinité,
le taux de mortalité doit s'accroître parmi les descendants d'un couple (2). Mais c'est une affirmation qu'on
ne pourra émettre qu'après d'amples vérifications, et ici
encore la publication des résultats complets de l'enquête
dont nous venons de parler pourra fournir des renseignements.

III

S'exerce-t-il, sur le sexe d'un enfant, des influences
tenant à des organismes ancestraux ? Qu'il en existe certaines, — générales, lointaines et imprécises — c'est ce
qui peut sembler probable *a priori*. Mais le problème est
de savoir s'il en existe une qui soit immédiate et déterminable. Quand on veut le serrer de près, il prend la
forme suivante : le coefficient de masculinité est-il héréditaire ? En d'autres termes : y a-t-il, pour chaque famille,
un rapport défini et constant des naissances masculines
aux naissances féminines ?

C'est en Angleterre surtout que ce problème a été étudié. La revue anglaise *Biometrika* lui a consacré plusieurs

(1) *Op. cit.*

(2) Cette vue semble d'abord en opposition avec la constatation faite à l'instant, que le taux de masculinité est plus fort
chez les premiers nés que chez les enfants suivants. Mais cette
opposition n'est qu'apparente. Car il ne s'agit plus ici de comparer la masculinité chez les enfants successifs de mêmes auteurs. mais chez les enfants d'auteurs différents.

fois des articles et des notes. Elle l'a étudié, d'ailleurs, bien au delà des frontières de l'humanité. Nous n'avons pas à rechercher ici de quelle solution il est susceptible pour les animaux et les plantes. En ce qui concerne l'espèce humaine, les seuls documents sûrs sont fournis par les généalogies des familles royales et de certaines familles seigneuriales dont la composition a été suivie avec précision. Dans un travail assez récent (1), Frederick Adams Wood a dépouillé toutes les données que l'ouvrage de Karl von Behr donnait autrefois sur les dynasties régnant en Europe (2). Il y a joint celles que Burke avait tirées de l'étude des familles de pairs et de baronnets anglais (3). Il a résumé l'ensemble des résultats en un tableau comparant le cas où il existe un excédent de mâles chez les enfants d'une femme et ceux où cet excédent se trouve parmi ses frères et sœurs. Voici ce tableau à double entrée :

Parents (1re génération)

Enfants (2e génération)	Fraternité à excès de mâles	Fraternité sans excès de mâles	Totaux
Fraternité à excès de mâles . . .	201	423	714
Fraternité sans excès de mâles. . . .	303	448	751
Totaux . .	594	871	1.465

(1) *The non-inheritance of sex in man* (*Biometrika*, tome V, 1906, pages 73-78).

(2) *Genealogie der in Europa regierenden Fürstenhäuser* ; Leipzig. 2e éd., 1870.

(3) *Peerage and Baronetage*, 1895.

Ce tableau montre qu'il n'y a point de concordance entre l'excès de mâles dans une génération et cet excès dans la génération qui la suit. Il porte donc directement contre la thèse qui attribue au coefficient de masculinité un caractère héréditaire.

Dans ce tableau, les documents tirés de la France ne figurent que pour une proportion infime. Nous avons cru néanmoins devoir le reproduire ici, vu l'impossibilité où nous sommes de donner sur cette question un seul document exclusivement français. Elle n'a pas, en effet, préoccupé jusqu'à présent les investigateurs en notre pays. C'est peut-être parce qu'il n'y a plus chez nous de famille régnante, ni même, au sens légal du mot, de familles seigneuriales. Presque personne ne possède, en France, un arbre généalogique de sa lignée, remontant à plusieurs générations. Nous avons pu seulement faire préciser les souvenirs de quelques personnes instruites, sur la composition des deux dernières générations, de leurs familles. Nulle part nous n'avons observé la constance héréditaire du coefficient de masculinité. Les documents pourtant ne manqueraient pas, si on voulait les colliger. Il s'est constitué à Paris une profession spéciale, celle des généalogistes, qui se donnent comme tâche de dresser les listes de parentés, en vue de la recherche des héritiers pour les successions fructueuses. Ils ont dressé des fiches par centaines de milliers, et l'on pourrait de cet ensemble, si l'on en obtenait la communication dans un but désintéressé, tirer une foule de renseignements d'ordre purement démographique qui auraient une portée véritable.

Mais surtout, il serait désirable que des hommes d'étude entreprissent de dresser des monographies de familles au point de vue démique. Celles-ci relateraient

les naissances, mariages et décès de tous les membres
de la lignée étudiée, avec leurs dates précises et les
particularités remarquables que ces faits pourraient
présenter. On n'ignore pas que Frédéric Le Play avait
préconisé la confection de monographies de familles au
point de vue économique, que son appel a été très largement entendu et que ses disciples ont fait paraître
plus de deux cents travaux de ce genre, dont quelques-
uns très considérables, dans le recueil des *Ouvriers des
deux mondes.* Les monographies démiques que nous
souhaitons seraient beaucoup moins volumineuses et
exigeraient par suite beaucoup moins d'efforts, tant
pour la recherche que pour la rédaction. Est-ce trop
espérer du zèle des gens de science que d'en attendre la
réalisation de ce souhait? Pour commencer, il nous
semble que les membres des Sociétés savantes qui se
consacrent à l'étude de la biologie, de l'anthropologie,
de la statistique, de la sociologie (1) pourraient être solli-
cités de dresser chacun une monographie démique sommaire de sa propre famille. Si ce projet recevait l'adhé-
sion des Bureaux de ces Sociétés savantes, un cadre
commun pourrait être dressé et envoyé par leurs soins à
tous leurs collègues. Le dépouillement de ce premier lot
de réponses donnerait sans doute déjà d'excellents résultats. L'exemple se répandrait ensuite de proche en proche et la démographie française serait ainsi dotée d'une
nouvelle série de documents précieux.

(1) Nous ne saurions ajouter : de la démographie, puisqu'il
n'existe pas en France une Société spéciale pour cet objet.

CHAPITRE X

Influences psychiques.

SOMMAIRE. — I. *Conceptions erronées sur ces influences.* — II. *Rôle de la volonté des parents.* — III. *Ses causes déterminantes et ses effets.*

I

C'est une idée assez répandue, que le désir des parents est pour quelque chose dans la détermination du sexe de leurs enfants. Trois formes, au moins, de cette conception peuvent être distinguées.

La première est extrêmement ancienne. Dès l'époque gréco-romaine, on signale des vœux faits à des divinités pour qu'un enfant attendu naisse d'un sexe déterminé. Des pratiques analogues se sont maintenues, comme on sait, dans la chrétienté, où des prières à Dieu, où des offrandes aux saints ont eu souvent le même objet. Toutes ces pratiques dérivaient de la croyance à la possibilité d'une intervention surnaturelle dans la fixation du sexe. Par là même elles impliquaient la croyance à une efficacité — médiate — de la volonté des parents, mettant en mouvement cette intervention. De nos jours on a cherché une explication rationnelle à la persistance de pareilles croyances. On l'a trouvée dans le fait que, après de semblables vœux, les espoirs des parents se sont vus plus d'une fois réalisés, les esprits naïfs ont pris ces coïncidences pour des causalités, et la confiance en ces pratiques s'en est accrue. Certains théoriciens sont même enclins à penser que les souhaits des auteurs, fortifiés par leur foi dans l'action de leurs prières, ont pu contribuer à produire le résultat cherché, ce qui conduirait à admettre l'efficacité directe — immédiate — de la volonté des parents.

Ceci nous amène à la seconde forme de la même conception. C'est celle en vertu de laquelle le désir paternel et surtout maternel suffirait par lui-même à orienter dans l'un ou l'autre sens le processus déterminateur du sexe. On tire argument, à cet égard, du phénomène bien connu des *envies* maternelles. Tel objet qui aura frappé l'attention et suscité l'admiration de la mère, imprimera, dit-on, quelque chose de sa forme sur l'embryon qu'elle porte en elle. Un enfant, à ce que l'on raconte, ressemblait à l'une des plus célèbres statues grecques, parce que sa mère avait contemplé celle-ci avec enthousiasme. Exemple plus vulgaire : une tête piriforme est souvent expliquée par l'envie d'une poire qui serait venue à la mère lors de la conception ou pendant la gestation. Eh bien ! c'est de cette manière qu'on entend aussi parfois rendre raison du sexe : en désirant beaucoup un garçon, disent nombre de gens, une mère a de grandes chances d'en produire un, plutôt qu'une fille... Il est à peine besoin de dire que, chez les hommes de science, une semblable « explication » ne pourra guère provoquer que des sourires.

Et cependant des auteurs fort sérieux ont émis des

vues qui n'en sont pas très éloignées. Pour divers écrivains allemands, d'un vrai mérite, le fait qu'il naît à peu
près autant de garçons que de filles tiendrait à ce que les
naissances masculines sont à peu près autant souhaitées,
dans la masse de la population, que les naissances féminines. Le fait qu'il y a pourtant un certain excédent des
premières tiendrait à ce qu'il existe un désir un peu plus
grand, dans l'ensemble, en faveur d'une postérité mâle.
Et le fait enfin que cet excédent de mâles est plus grand
parmi les naissances légitimes, tiendrait à ce que ce souhait d'un enfant mâle, qui peut assurer la continuité de
la famille et du nom, est plus intense chez les femmes
mariées que chez les autres et modèle leur postérité.
Voilà la troisième forme de ce que l'on peut appeler la
théorie psychologique de la détermination du sexe. Il est
clair qu'elle repose, en somme, sur le même postulat que
les deux autres et ne peut pas avoir plus de valeur
qu'elles.

Toutes les trois nous paraissent, disons-le nettement,
extra-scientifiques. Car nous ne voyons aucun fait qui
établisse une action quelconque de la volonté sur la fixation du sexe. A vrai dire, nous ne pouvons pas démon-
trer, dans l'état présent de nos connaissances, l'inexis-
tence de cette action. Mais ce serait à ceux qui
l'admettent à en prouver la réalité, et c'est ce que,
croyons-nous, ils n'ont pas même essayé de faire.

II

Pourtant, il ne faut pas repousser trop vite, en bloc,
toutes ces conceptions. Il est bien rare qu'au fond d'une
théorie ne se cache pas quelque élément de la vérité.

Des faits exacts sont souvent à la base de systèmes erronés. Il faut savoir les en dégager, pour les faire entrer comme données dans des synthèses plus correctes. C'est, croyons-nous, ce qu'il y a lieu de tenter cette fois.

La volonté n'est pour rien, à notre avis, dans la détermination du sexe. Mais elle a une action incontestable sur les conditions du rapprochement des parents. Et, comme elle-même peut être mise en mouvement par la considération du sexe de l'enfant à procréer, il y a là un réseau de causes et d'effets où cette volonté et cette détermination trouvent chacune leur place.

Expliquons-nous. — Voici un ménage qui a déjà des enfants. Ce sont des filles. Il désire avoir un garçon. Dans ce but, les parents continueront à se réunir, jusqu'à ce que leur souhait soit satisfait. Peut-être dans l'intervalle leur sera-t-il né de nouvelles filles, qu'ils ne désiraient point. Mais, sitôt le garçon né, il est probable qu'ils s'abstiendront de procréer à nouveau. Nous ne croirons pas sans doute que leur souhait ait déterminé le sexe de leur rejeton. A coup sûr pourtant, il a rendu possible la venue au jour de cet enfant. Il a donc donné à son sexe la possibilité de se déterminer.

Prenons maintenant une hypothèse différente. Un autre ménage souhaite vivement, comme le précédent, un garçon. Et, d'autre part, il préfère n'avoir qu'un enfant unique. Le premier rejeton qui lui naît, se trouve être justement un mâle. Le couple va désormais s'abstenir. Sans doute, la nature lui aurait permis d'avoir d'autres enfants. Mais seul, l'événement eût pu dire s'ils auraient été du sexe masculin ou du sexe féminin. Or, justement, la volonté a empêché « l'événement » de se produire. Elle a donc, dans cette hypothèse, qui est à cet égard l'inverse exacte de la précédente, mis le sexe de ces enfants éventuels dans l'impossibilité de se déterminer.

Ainsi la volonté des parents est une condition de la procréation, et par là même une condition de la fixation du sexe. Or, cette volonté elle-même agit en vue de produire un enfant d'un sexe déterminé. Le désir des auteurs n'est donc pas sans une certaine influence sur le sexe de leur progéniture. On trouve là une manifestation de cette « mentalité » — nous voulons dire de cette intervention de la pensée consciente — qui se montre dans la plupart des actes humains. Le détour qu'elle doit prendre pour agir est une marque de la complexité de ces mêmes actes. Mentalité et complexité, nous avons établi ailleurs, par une démonstration d'un ordre tout à fait général, que ce sont là deux des caractères fondamentaux des phénomènes sociaux (1). Nous en voyons ici une preuve particulière.

En somme, on doit admettre que certaines influences psychiques opèrent sur la production des sexes, quoique ce soit d'une toute autre manière, bien plus restreinte et bien plus détournée, qu'on ne le croit assez souvent.

III

Précisons un peu davantage. En notre pays, la postérité masculine est d'ordinaire plus souhaitée que la postérité féminine. Cela tient à une série de causes, dont les principales nous paraissent être les suivantes.

D'abord, il y a un fait de survivance ancestrale. Les

(1) *Philosophie des sciences sociales*; tome I : *objet des sciences sociales* ; chapitre v : caractères généraux des faits sociaux.

religions antiques n'attachaient guère d'importance qu'à la descendance masculine, car c'est par elle seule que se continuait le culte familial. Tel était le principe des cultes grecs et latins (1). L'idée hébraïque n'était pas fort différente. Le christianisme, à ses débuts, a synthétisé ces deux traditions. Il est naturel qu'il en ait toujours gardé quelque chose. L'influence religieuse agit donc ici dans une certaine mesure.

Une influence des lois et des mœurs vient s'y ajouter. Notre législation a longtemps consacré les prérogatives des mâles quant au droit héréditaire. Le privilège de masculinité a subsisté pour les successions nobiliaires jusqu'à la Révolution. Pour la succession au trône, il a duré autant que les régimes monarchiques. Les mœurs ont étendu cette règle du droit aux successions bourgeoises. De nos jours encore, un établissement industriel, un office ministériel se transmettent de mâle en mâle. Leur chef ou leur titulaire ne les laisse à son gendre que s'il n'a pas de fils. Ajoutons que, si le nom de la famille passe aux filles, l'usage donne à celles-ci le nom de leur mari. La continuité du nom n'est donc réalisée que par la postérité masculine. Pour assurer la transmission de son établissement et de son nom, on souhaite donc d'ordinaire un fils.

En troisième lieu, une cause économique agit encore dans le même sens. Une fille coûte d'ordinaire plus cher à élever qu'un garçon. Elle coûte toujours plus cher à « établir », c'est-à-dire à doter. Et, en outre, elle rapporte moins. Car elle ne peut pas, d'aussi bonne heure, exercer un métier, et sa profession est d'habitude moins rémunératrice. Voilà encore une raison pour qu'elle soit moins désirée.

(1) Voir Fustel de Coulanges, *La cité antique.*

L'action combinée de ces trois causes s'exerce par le mécanisme que nous venons de faire connaître. Elle ne peut rien directement sur le sexe. Elle peut beaucoup indirectement, en favorisant ou au contraire en empêchant la procréation. Et cela nous explique, au moins pour partie, une série de phénomènes constatés précédemment.

Cela aide à comprendre, d'abord, pourquoi le coefficient de masculinité est plus fort chez les enfants légitimes que chez les enfants naturels. C'est que, pour les premiers seuls, opèrent toutes ces causes. Nous l'avons indiqué précédemment, et nous avons dit en même temps comment elles relèvent aussi le coefficient de masculinité chez les enfants naturels reconnus (1).

Par là peut s'expliquer encore que le coefficient de masculinité soit plus fort aux champs qu'à la ville (2). Dans les campagnes, les survivances du passé sont plus tenaces : les anciennes idées sur la supériorité des garçons s'y trouvent donc mieux enracinées. D'ailleurs, chez elles, le facteur économique agit aussi beaucoup. On dira qu'il pourrait opérer tout autant dans la population laborieuse des villes. Mais nos ouvriers urbains sont moins prévoyants que nos campagnards.

Enfin, nous pouvons de la sorte mieux voir pourquoi, dans l'ensemble, le taux de masculinité baisse avec le temps (3). C'est que les idées religieuses s'affaiblissent ; c'est que la loi garde de moins en moins trace du privivilège de masculinité ; c'est que les mœurs tendent à effacer l'ancienne hiérarchie des sexes ; c'est que les conditions économiques nivellent peu à peu leur coopé-

(1) Chapitre VIII.
(2) Chapitre VII, § II.
(3) Chapitre VI.

ration au travail national et leur rémunération. Si l'excès de mâles se réduit progressivement, tous ces éléments y sont pour quelque chose.

Dans l'ensemble, ces diverses vues ne peuvent guère, croyons-nous, être contestées. Malheureusement, dans le détail, de semblables influences ne sauraient être mises en lumière par les statistiques dont nous disposons. Comprenons-en bien la raison. On dit parfois que les faits moraux échappent aux constatations de la statistique. Prise dans sa généralité, la proportion est beaucoup trop absolue. Les faits moraux sont dénombrables, sinon dans leur fond intime, du moins dans leurs manifestations extérieures. Tel est le cas, croyons-nous, pour les influences mentales dont il vient d'être question. Elles pourraient être mesurées par leurs effets. Seulement, il faudrait pour cela des statistiques tout autrement détaillées que les nôtres. Il faudrait des monographies de familles, faites au point de vue démique, telles que nous les avons définies au chapitre précédent. Si l'on savait, en France, ou au moins à Paris, combien chaque ménage a eu d'enfants et de quels sexes étaient ses enfants successifs, on serait en état de voir combien de fois se sont réalisées les deux hypothèses sur lesquelles nous avons raisonné tout à l'heure : celle du couple avec filles continuant à procréer jusqu'à la venue d'un fils, et celle du couple unipare s'en tenant à un garçon. On pourrait résoudre une foule d'autres problèmes analogues. On serait, par là, bien près de mesurer la force des tendances qui inspirent les parents au moment de la procréation, en ce qui concerne le sexe des enfants souhaités... Mais quand aurons-nous un ensemble suffisant de documents de ce genre ?

CHAPITRE XII

Influences sociales.

On peut concevoir que des éléments et des faits sociaux d'ordres très divers agissent sur la masculinité. Justifier leur liste et leur classement serait très long. Nous nous croyons donc en droit de renvoyer, pour une énumération générale des éléments de la société et des faits qui s'y déroulent, à notre ouvrage sur la *Philosophie des sciences sociales* (1). Et ici nous nous bornerons à extraire de cette longue énumération ceux de ses termes qui ont un rapport direct avec notre sujet actuel.

I

Le coefficient de masculinité varie peut-être, dans un même pays, avec le groupement social auquel appartiennent les parents considérés. Or, les groupements sociaux sont fort multiples. Les uns sont fondés sur l'origine ethnique ; d'autres, sur le voisinage dans l'espace ;

(1) Notamment tome I, *Objet des sciences sociales*, chapitre VI.

d'autres, sur le genre de travail accompli ; d'autres, sur le rang social occupé ; d'autres enfin, sur les affinités mentales et morales des individus. Un même homme appartient ainsi tout à la fois : à une race et, dans l'intérieur de celle-ci, à une famille ; à une province et à une commune ; à une profession ; à une classe ; à une confession et à diverses associations volontaires. Certains de ces modes de groupement peuvent influer sur le phénomène que nous étudions. Cherchons si cette action est susceptible d'être mise en évidence.

A. — Comment diviser la France au point de vue ethnique ? Une école qui a fait quelque bruit en ces dernières années, celle de l'anthropo-sociologie (dont M. G. Vacher de Lapouge est le représentant le plus notoire) soutient que la France {contient trois races, distinguées par l'indice céphalique, la taille, la couleur des cheveux et des yeux, et auxquelles on peut donner respectivement les noms de *homo europeus, homo mediterraneus* et *homo alpinus*. Mais elle n'a pas jusqu'ici apporté de critères permettant de distinguer suffisamment ces trois éléments de notre population. Et elle semble tombée aujourd'hui dans une sorte de discrédit relatif.

Mieux vaut donc s'en tenir à la conception classique des races, qui les distinguait d'après leur provenance historique. A cet égard, on dira qu'il s'est produit en France une superposition et un mélange des races celtique, latine et germanique ; et qu'ensuite s'y sont incorporés des éléments northmans et arabes, puis des étrangers de toute provenance. Il faut d'ailleurs reconnaître que le mélange s'est, dans la généralité des cas, si bien opéré, qu'aujourd'hui il est fort difficile de dire le plus souvent à quelle souche se rattache un Français. On ne peut donc utilement chercher le coefficient de masculinité des diverses races existant en notre pays, par la raison que ces races n'ont pas de frontières définies (1).

Quant aux familles, qui sont les subdivisions des races, nous avons vu un peu plus haut (2) que, pour dégager le coefficient de masculinité propre à chacune d'elles, il faudrait des monographies démiques, dont nous demandons l'établissement, mais qui nous manquent encore.

B. — Les groupements fondés sur le voisinage dans l'espace sont (à l'intérieur d'un même pays) la province, ses subdivisions, et en dernier lieu la commune. Nous avons cherché précédemment s'ils influent sur la masculinité et nous rappelons ici les constatations que nous avons cru pouvoir faire.

En ce qui concerne les provinces et les départements, il ne nous a pas semblé que cette influence fût bien apparente. Même en choisissant des régions assez nettement caractérisées par la nature, telles que les régions alpestre et pyrénéenne, ou que les régions littorale et insulaire, on ne trouve pas pour elles un coefficient de masculinité nettement différent de celui de la France entière (3). Il n'en est autrement que lorsqu'on change de continent et qu'on se transporte en Algérie (4).

(1) Il semble qu'on aurait quelques chances d'aboutir en examinant le cas de la race juive, qui a plus que d'autres conservé son sang exempt de mélanges. Mais il sera établi bientôt — quand nous traiterons de l'influence de la religion sur la masculinité (même chapitre, même section, *in fine*) — que les documents font défaut jusque dans ce cas.

(2) Chapitre x, § III.

(3) Chapitre ix, § I. Les différences les plus saisissables entre départements français nous ont paru tenir à la richesse.

(4) *Id.*, § II.

En ce qui concerne maintenant les communes, nous avons montré que leur coefficient de masculinité n'est pas identiquement le même, suivant qu'elles ont un caractère rural ou un caractère urbain. Les premières ont un coefficient plus élevé que les secondes. Et la diminution est encore plus forte, quand on considère l'agglomération urbaine par excellence, c'est-à-dire la capitale et ce qui l'entoure immédiatement (1).

C. et D. — La profession et la classe ne sont pas une seule et même chose. La profession de chaque homme est fixée par la nature du travail social auquel il collabore ; sa classe, par le rang qu'il occupe dans la société. Une même profession réunit des hommes de classes bien différentes : par exemple, dans l'industrie manufacturière, il y a des ouvriers, des contre-maîtres, de petits et de grands patrons. Réciproquement, une même classe réunit des hommes de professions très diverses : par exemple, les grands industriels font partie de la classe la plus élevée, au même titre que les dirigeants du monde politique, administratif, littéraire et scientifique. Dans une séance de la Société de sociologie de Paris où l'on discutait sur la définition des classes (2), nous avons proposé de considérer la société française comme divisée schématiquement par des lignes verticales et horizontales, d'une part en professions, d'autre part en classes. Parallèles les unes aux autres, et séparées par les lignes verticales, se trouveraient les professions : agriculture, industrie, commerce, fonctions publiques, carrières libérales, etc... Superposées les unes

(1) Chapitre vii, § II.
(2) Séance de 14 janvier 1903, reproduite par la *Revue internationale de sociologie*, n° de février 1903.

aux autres, et séparées par les lignes horizontales, se trouveraient les classes : inférieure, moyenne, supérieure, lesquelles naturellement comporteraient chacune des subdivisions nombreuses.

Désignation	Agriculture	Industrie	Commerce	Fonctions publiques	Carrières libérales
Classe supérieure .					
Classe moyenne . .					
Classe inférieure. .					

Il n'y a pas un critérium unique permettant de ranger un individu dans telle ou telle classe ; mais on y parvient en usant simultanément de plusieurs critères, tels que le montant de sa fortune, le degré d'indépendance de sa situation, la considération dont il est entouré. — Si ces vues sont exactes, on voit le rapport qui unit la profession et la classe. Ces deux unités sociales sont formées des mêmes individus, mais groupés d'une autre façon. Quand on connaît la composition complète de l'une, avec ses divisions, on a par là même les éléments de l'autre. Une statistique parfaite des professions, si elle existait, nous fournirait donc le moyen d'établir une statistique des classes.

Cela posé, en quel rapport ces deux groupements — la profession et la classe — sont-ils avec la masculinité ? Pour le savoir, les documents n'abondaient pas jusqu'à présent. Nous avons, il est vrai, un recensement des industries et professions, précieuse publication qui se fait maintenant à l'occasion du dénombrement quinquennal

de la population française. Mais on ne saurait tout lui
demander, et notamment il ne contient pas de données
suffisantes sur notre problème. Heureusement, à son silence sur ce point, il est aujourd'hui suppléé partiellement. En effet, l'enquête sur les familles de fonctionnaires, dont nous avons déjà plusieurs fois parlé, permet
de résoudre la question pour un très grand nombre de
travailleurs. Les résultats partiels, connus en 1908, ne
portaient que sur 14.000 enfants environ, issus, soit des
employés des administrations centrales des ministères,
soit des ouvriers de la ville de Paris. Mille enfants d'employés donnaient un coefficient de 109,30, treize mille enfants d'ouvriers en donnaient un de 102,9 (1). Mais ces
résultats partiels se sont trouvés infirmés par les résultats totaux de l'enquête, quand celle-ci a été complètement dépouillée. Ces derniers ne sont pas encore livrés
à la publicité. Mais nous les connaissons par le rapport
de M. Lucien March (2). L'enquête dans son ensemble a
porté sur près de 600.000 enfants, soit 137.000 enfants
d'employés et 434.000 enfants d'ouvriers. Le coefficient
de masculinité s'est trouvé de 105,2 chez les ouvriers et
de 103,8 chez les employés (3). Il est donc nettement supérieur dans la première catégorie. Ce résultat était facile à prévoir avec notre théorie : car les ouvriers ayant
en général moins de ressources, leurs enfants sont pro-

(1) *Rapports au Conseil supérieur de statistique en 1908* (extrait
du bulletin nº 10), rapport préliminaire de la commission de la
statistique des fonctionnaires, page 37.

(2) *Rapports au Conseil supérieur de statistique* ; commission de
la statistique des fonctionnaires ; rapport sur les conditions démographiques générales des familles de fonctionnaires, par
M. Lucien March, épreuve du 22 février 1911.

(3) Page 6.

créés dans de moins bonnes conditions économiques, et par suite doivent donner un plus grand excès de mâles. Du reste, ce résultat est corroboré par les autres données de l'enquête. La natalité générale est plus grande chez les ouvriers que chez les employés. Pour 100 mariages ayant duré de 15 à 24 ans, on trouve 247 enfants chez les ouvriers et seulement 191 chez les employés (1). Semblablement, la mortalité générale des enfants est plus grande du même côté. On trouve 202 décès sur 1.000 enfants nés parmi les ouvriers, et seulement 192 parmi les employés (2). Ce rapprochement consolide le lien que nous avons cru pouvoir poser entre la masculinité, la natalité et la mortalité (3). D'autre part, on voit sans peine que le résultat ainsi obtenu est de ceux qui concernent à la fois la profession et la classe. Car, entre employés et ouvriers, il n'y a pas seulement une différence dans la nature du travail, mais aussi une différence de niveau sur l'échelle sociale. Il nous est, par là même, doublement précieux. — Si on voulait le généraliser, on serait conduit à dire que la masculinité décroît quand la profession du père devient plus intellectuelle et sa classe plus élevée. Cette formule concorderait très exactement avec notre théorie générale. Nous en attendons la confirmation des enquêtes ultérieures (4).

(1) Page 3.
(2) Page 5.
(3) Chapitre vi, § II.
(4) Dans un pays où la distinction des classes sociales est plus tranchée que chez nous, en Suède, une statistique de 1851-1860 donnait les coefficients de masculinité de 98,3 pour les nobles, 105,0 pour les bourgeois et 105,7 pour les paysans. Ces résultats ont été cités par A. Bertillon (article *Natalité* du Dictionnaire des sciences médicales). On en peut rapprocher les recherches ré-

E. — Les groupements entre individus, qui reposent sur des affinités mentales et morales, sont d'ordres multiples. On peut citer parmi eux les confessions religieuses, les partis politiques, les écoles littéraires, artistiques et scientifiques, les associations de toute sorte : syndicats, coopératives, mutualités, sociétés amicales, sportives, etc... Mais, parmi eux, seules les confessions religieuses possèdent une unité assez ancienne et assez solide pour qu'on puisse songer à chercher si elle exerce une action en notre matière.

En Allemagne, où il existe une statistique officielle des adhérents aux différents cultes, certains auteurs ont songé à calculer le coefficient de masculinité propre à chacun de ces groupes. Mais en France, cette statistique officielle n'existe plus depuis plusieurs dizaines d'années. Peut-on suppléer à son absence ?

La question ne se pose pas pour les catholiques. Ils constituent en effet les trente-neuf quarantièmes environ de la population française (du moins si l'on compte parmi eux tous ceux qui sont nés dans cette religion, et non pas seulement ceux qui la pratiquent). Leur coefficient de masculinité doit donc être, très sensiblement, celui de la population générale.

Mais y a-t-il un coefficient spécial pour les protestants et un autre pour les israélites ? Ces minorités religieuses forment des groupes assez nettement caractérisés pour que le problème puisse être posé. Spécialement en ce qui concerne les israélites, on peut penser qu'il doit être susceptible d'une solution affirmative, l'unité religieuse

centes de M. Pontus Fahlbeck sur l'aristocratie suédoise et les autres classes du même pays (voir les bulletins successifs de l'Institut international de statistiqne). Ils apportent une nouvelle preuve à l'appui de notre théorie.

se doublant ici, d'après l'opinion courante, d'une unité ethnique. Nous avons donc cherché à obtenir des renseignements qui nous permissent de nous fixer. Nous nous sommes adressé, à cet effet, aux autorités parisiennes de ces deux cultes. On a mis la meilleure volonté à nous répondre. Malheureusement, ce qu'on a pu nous dire se réduisait à ceci.

Dans les deux cultes, il faudrait à la naissance un acte permettant d'enregistrer tous les enfants. Chez les israélites, il y a la circoncision, qui est rituellement obligatoire pour les garçons. Mais aucun acte analogue n'existe pour les filles. Tout un sexe échappe ainsi à l'inscription. Et même pour les garçons l'autorité consistoriale israélite n'a aucune statistique complète : elle ne prend note, en effet, que des cas où les parents lui demandent à elle-même de désigner un opérateur pour la circoncision ; elle ignore tous ceux où ils en choisissent un directement, et ceux-ci sont de beaucoup les plus nombreux. Ainsi, de ce côté, aucun chiffre ne peut être produit.

Chez les protestants, on a des registres de baptêmes, pour les enfants des deux sexes. Mais les autorités cultuelles déclarent que nombre de parents de leur culte ne font pas baptiser leurs enfants. La statistique qu'on pourrait dresser, utile au point de vue religieux, serait donc incomplète au point de vue démique. Car ce qu'il nous faudrait savoir, c'est le nombre d'enfants de chaque sexe qui naissent de parents protestants, et non pas seulement le nombre de ceux dont les parents sont des croyants. — D'autre part, cette statistique serait aussi sujette à une critique. Le baptême ne suit pas immédiatement la naissance. Les enfants morts très tôt ne le reçoivent donc pas. Or, nous savons que la proportion de ces décès est plus grande chez les garçons que chez les filles. On ne pourrait pas, par suite, conclure du rapport entre les nombres des baptêmes dans les deux sexes, au rapport entre les nombres des naissances masculines et ·féminines. — Dans ces conditions, une statistique des baptêmes protestants n'aurait pas été fort probante pour nos recherches. Nous n'avons donc point insisté pour qu'on la dressât à notre intention.

Concluons, dès lors, que rien ne permet dans le présent d'établir pour Paris et *a fortiori* pour la France des coefficients de masculinité spéciaux aux différents cultes (1).

II

Venons-en maintenant à l'action que sont susceptibles d'exercer, sur la masculinité, les faits sociaux de diverses natures. Parmi tous ces faits, qui sont innombrables et dont nous avons dressé ailleurs le tableau général, trois nous paraissent susceptibles d'être retenus ici. L'un est d'ordre économique ; un second, d'ordre politique ; un dernier, d'ordre moral.

Au point de vue économique d'abord, nous avons eu mainte fois l'occasion de montrer, au cours de ce travail, l'influence du facteur richesse sur les phénomènes qui nous occupent. La pauvreté doit amener, nous a-t-il semblé, un particulier excès de mâles ; l'accroissement de la richesse doit être suivi d'une égalisation des sexes. On voudrait pouvoir mettre cette influence en lumière par un fait décisif, tel qu'une élévation du coefficient de

(1) Pour l'Algérie, une circonstance spéciale, d'ordre juridique, nous a permis d'établir celui des israélites indigènes (chapitre ix, § II).

masculinité à la suite d'une crise économique ruineuse. Mais cela n'est pas possible, pour une double raison. D'une part, la fortune ne succède point brusquement à la pauvreté, ni la pauvreté à la fortune, pour une masse sociale considérable, surtout de nos jours. D'autre part, l'écart entre les plus hauts coefficients de natalité et les plus bas se trouve, pour notre pays et pour notre temps, si resserré que de grandes oscillations n'y sont pas possibles. Ainsi, ni la cause, ni l'effet, ne sauraient présenter, en notre cas, des variations considérables. — On pourrait faire l'hypothèse d'une famine venant ravager une partie du territoire. Mais elle est, heureusement, irréalisable. Aujourd'hui, avec le progrès des communications, les récoltes de tous les pays arrivent au marché mondial : le déficit de la production sur un point est immédiatement comblé par l'excédent qui s'est produit ailleurs. Seulement, dira-t-on, il ne suffit pas que la région où la récolte a manqué ait la possibilité abstraite de faire venir des denrées du dehors ; il faut aussi qu'elle en ait les moyens concrets, qu'elle possède les fonds nécessaires, et justement l'arrêt de sa production les lui enlève. Sans doute, mais le concours de l'Etat et les souscriptions privées viennent bien vite à son aide. En fait, dans la période étudiée par nous, aucune disette n'a affligé pour une durée très appréciable une portion étendue du territoire français. C'est une supériorité évidente de l'époque contemporaine sur toutes celles qui l'ont précédée. — De ceci même on peut tirer une remarque qui se rapporte à notre objet propre. Si le coefficient de masculinité a pris pour toute la France une valeur uniforme, ne le doit-il pas peut-être, au moins en partie, à ce que les conditions *minimæ* d'existence s'y sont égalisées, par le fait justement du progrès des communications ? Il n'est pas téméraire de le supposer. Et, s'il en est réellement ainsi, on sent que les faits économiques ont joué un grand rôle dans la détermination du phénomène biologique qui nous occupe.

A côté de l'hypothèse d'une famine, il en faut placer une autre, qui est malheureusement moins éloignée de la réalité. C'est celle d'une guerre. Ce phénomène est d'origine politique ; mais il a d'incontestables répercussions économiques, par les ruines qu'il entraîne. Aussi ne nous étonnons-nous pas d'entendre dire, que dans les années de guerre il est engendré beaucoup plus de garçons que de filles (1). Cette vue est même assez répandue parmi les auteurs allemands. Toutefois, le plus récent d'entre eux a fait justement observer qu'elle n'est pas suffisamment étayée de données numériques indiscutables (2). Pour la France, elle est confirmée par la statistique officielle, mais avec une portée assez restreinte. Les naissances de l'année 1871 proviennent certainement, en majeure partie, de conceptions qui se plaçaient pendant la guerre franco-allemande, l'invasion étrangère et l'insurrection de la Commune. Or, le coefficient de masculinité a été, pour cette année, de 105. Il est légèrement en excédent sur le coefficient de la période quinquennale antérieure 1866-70, qui était de 104,8. L'écart s'aggrave de ce fait que, normalement, il eût dû être légèrement en recul sur ce dernier, puisque la baisse de ce coefficient dans le temps est le phénomène usuel. Malgré tout, l'écart est trop faible pour être extrêmement probant. Pourtant, rapproché des autres faits cités au cours de ce travail, il vient à l'appui de la théorie qui

(1) Alfredo Niceforo, *Les classes pauvres*, 1905, page 125.
(2) Grünspan, *op. cit.*, page 16.

voit un indice péjoratif dans la hausse de la masculinité (1).

Reste enfin à considérer un dernier facteur possible. Celui-ci est d'ordre moral. Il consiste dans les idées répandues, au sein de la société étudiée, sur ce qu'il est souhaitable de voir réaliser en matière de natalité et de masculinité. Désirera-t-on beaucoup d'enfants et particulièrement beaucoup de garçons ? On continuera à procréer, dans la mesure où on le peut, jusqu'à ce qu'on ait réalisé son rêve. En souhaite-t-on, au contraire, le moins possible ? On s'arrêtera après le premier enfant, ou au moins après le premier garçon. Les idées qui ont cours à cet égard dans un pays dérivent de sources diverses. Les unes sont d'origine religieuse : tous les cultes se sont montrés favorables à la continuation et à l'extension de l'espèce humaine. Les autres sont d'origine économique : dans certains milieux, on a intérêt à avoir des enfants, qui peuvent être une source de gains ; dans d'autres, on a intérêt à en avoir peu, car on les envisage plutôt comme une source de dépenses, et on veut éviter le morcellement du patrimoine familial entre plusieurs descendants. Ces causes agissent sur le désir de postérité en général. Quant au désir d'une postérité

(1) Nous avons raisonné, dans le texte, d'après les coefficients calculés officiellement. *La Statistique du mouvement (de la population*, pour les années 1899 et 1900 (tomes 29-30 de la collection) donne, dans ses tableaux récapitulatifs (pages G et GV) les coefficients suivants : 106 en 1869 ; 105 en 1870, 1871, 1872 ; 106 en 1873 et 1874 ; 105 en chacune des cinq années 1875 à 1879. Nous avons tenu à calculer personnellement ces coefficients d'après les éléments détaillés fournis par les mêmes tableaux. Nous avons trouvé notamment : 104,78 pour 1870 ; 104,87 pour 1871 ; 104,86 pour 1872.

mâle en particulier, il reconnaît aussi des causes. Nous
les avons dégagées dans le précédent chapitre, en mon-
trant leur action. Tous ces souhaits, naturellement, pren-
nent dans chaque esprit une tournure particulière. Mais
ils relèvent aussi des courants d'opinion collectifs, qui
se forment et circulent dans la société tout entière.
Voilà pourquoi, tout en les ayant signalés antérieurement parmi les causes psychiques de la masculinité,
nous devions les rappeler ici parmi ses causes sociales.

CONCLUSION

—

Au terme de ce travail, nous voudrions résumer brièvement les conclusions générales qui s'en dégagent.

Deux grands faits se sont imposés à nous tout d'abord,
en France, depuis un siècle. D'une part, d'après
l'ensemble des registres de l'état-civil, il naît plus de
garçons que de filles, et l'excès de mâles est encore plus
sensible chez les morts-nés que chez les nés-vivants.
D'autre part, et en sens inverse, il existe plus de femmes
que d'hommes : tous les recensements mettent en
lumière un excédent de population féminine. Comment
concilier ces deux données, aussi certaines et aussi cons-
tantes l'une que l'autre ? L'hypothèse que nous jugeons
le plus vraisemblable est celle-ci. Le sexe masculin dériverait d'une nutrition défavorable des parents et par là
même de leur rejeton, — défavorable par insuffisance
d'aliments ou par intoxication. Moins d'aliments ou de
moins sains suffisant à produire des garçons, il en est
procréé plus que de filles. Mais par là même ils sont plus
fragiles, ce qui explique qu'ils soient plus durement
frappés par la mortalité intra-utérine, puis par la mortalité du premier âge, et qu'en fin de compte ils soient

moins nombreux que les filles dans le total de la population. L'excès de mâles serait donc lié à des conditions de procréation désavantageuses. Il ne serait pas, biologiquement parlant, un bien pour la nation.

Cette façon de voir se trouve confirmée par ce que nous avons ultérieurement constaté. Dans le temps, nous avons vu l'excès de mâles se réduire : il a décru dans une proportion considérable en France, dans le cours du XIXᵉ siècle, chez les enfants nés-vivants et aussi chez les morts-nés. Cette décroissance nous paraît intimement liée aux progrès de la richesse publique, qui, à nos yeux, en sont la cause. Elle est liée aussi à d'autres phénomènes concomitants, et qui nous paraissent être des effets de la même cause : ce sont notamment la baisse de la natalité, celle de la mortalité, celle de la mortalité infantile en particulier, et dans un certain sens celle de la morti-natalité. Il y a là tout un ensemble de faits qui évoluent parallèlement. — Dans l'espace, maintenant, nous voyons l'excès de mâles s'affirmer surtout dans les pays les moins avancés. Pour n'envisager que ceux où existe une statistique effective, il est élevé dans l'est et dans le midi de l'Europe, il se réduit dans son centre, il tombe à son minimum en France et en Angleterre. Qui plus est, chez nous, on remarque que cet excès reste plus grand dans les campagnes que dans les villes, plus grand dans les villes ordinaires que dans la capitale. Ainsi sa réduction se montre liée au progrès économique et social.

Poursuivant notre enquête, nous avons cherché à dégager le rôle des facteurs physiques, des facteurs organiques, des facteurs psychiques, des facteurs sociaux dans le phénomène qui nous occupe. Au travers des multiples constatations que nous avons ainsi faites, certaines viennent encore à l'appui des mêmes idées. Des départements pauvres, comme la Lozère et le Morbihan, ont montré un coefficient de masculinité élevé. A Paris, l'excès de mâles s'est trouvé à son minimum pour les procréations du mois de juin, l'un de ceux où la vie est le plus facile au grand nombre. Il tombe aussi à son minimum quand les parents sont du même âge, tandis qu'il se relève quand l'écart grandit entre le mari et la femme. Il est plus élevé parmi les ouvriers de l'Etat que parmi ses employés. Il s'est légèrement accentué après une guerre désastreuse. Beaucoup d'autres faits de tout ordre ont été observés par nous au cours de ces recherches et nous les avons consignés impartialement dans notre travail, sans nous préoccuper de savoir s'ils se rattachaient à notre théorie générale, s'ils en restaient indépendants ou si même ils ne venaient pas dans une certaine mesure la contredire. En cette page, nous avons cru pouvoir rappeler seulement quelques-uns de ceux qu'elle est particulièrement apte à expliquer et qui peuvent ainsi lui servir d' « illustrations »

Nous n'avons pas la prétention de croire que la théorie ainsi esquissée par nous soit dès maintenant établie dans son ensemble. Mais nous jugeons possible de faire en elle le départ de ce qui reste incertain et de ce qui, au contraire, est acquis. Ce qui demeure douteux, c'est la formule la plus générale que nous ayions posée : à savoir que l'excès de mâles dérive d'une nutrition défectueuse. Car nous savons bien qu'il s'est produit, en dehors du cadre de nos recherches, un nombre infini de faits — relatifs à d'autres nations et à d'autres espèces vivantes — dont il faudrait tenir, dans une théorie intégrale de la sexualité, autant de compte que de ceux auxquels nous nous sommes attaché. Aussi ne présentons-nous notre conception d'ensemble que sous ces expresses réserves Ce que, à l'inverse, nous considérons comme établi, c'est une autre proposition beaucoup moins générale, mais susceptible par là même d'une démonstration plus précise : à savoir que, depuis le début du XIX° siècle, en Europe et particulièrement en France, l'excès de mâles se réduit avec le développement de la richesse publique. Celle-ci, les plus importants résultats de nos recherches, ceux qui sont appuyés sur les relevés statistiques les plus amples, concourent à la confirmer. Encore n'avons-nous pas dissimulé que, sur certains points, on rencontre des faits particuliers qui ne s'expliquent pas par elle ou qui même lui semblent opposés. Mais n'est-ce pas là le sort de presque toute formule scientifique ?

Celle-ci est soumise, comme les autres, au contrôle de l'observation ultérieure, à la révision de l'avenir. En tous cas, les faits que nous avons réunis demeureront des éléments dont une synthèse future pourra profiter. Notre théorie ne vaut pas pour l'éternité ; elle n'embrasse pas toutes les espèces vivantes, pas même toute l'espèce humaine ; dans notre pays, elle ne rend pas à elle seule raison de tous les phénomènes constatés. Nous croyons du moins qu'elle résume une face de la réalité, en un point de l'espace, à un moment de l'évolution.

APPENDICE

LES NAISSANCES PAR SEXES DANS UNE COMMUNE FRANÇAISE

Nous avons voulu dépouiller par nous-même les registres de l'état civil, ou du moins certains d'entre eux, en ce qui concerne le problème du sexe des nouveau-nés. Nous y voyions plusieurs avantages. D'abord celui de vérifier, par un exemple concret, la valeur habituelle de ces registres, base de tout notre travail. Puis, celui d'apporter notre propre contingent, si modeste qu'il fût, au relevé des faits élémentaires, par une monographie, non point familiale (comme celles que nous avons préconisées dans la quatrième partie de notre étude) mais locale.

Pour cela, il nous a paru qu'il suffisait d'opérer dans une seule commune, convenablement choisie. Celle de Wimereux, que nous habitons l'été, remplissait les conditions nécessaires. Située dans le département du Pas-de-Calais, dans l'arrondissement et dans le canton de Boulogne-sur-Mer, elle compte près de 1.400 habitants. Ceux-ci sont placés dans des conditions ethniques aussi voisines que possible de la moyenne française. Les uns sont marins ; d'autres, agriculteurs. La localité étant récemment devenue un centre important de bains de mer, beaucoup de ses habitants d'origine vivent surtout des profits de la saison d'été. Les baigneurs ne contribuent d'ailleurs que dans une proportion insignifiante aux naissances qui s'y produisent. Elle n'a été érigée en commune distincte que depuis moins de treize ans. Auparavant, elle faisait partie de la commune de Wimille. On a donc l'avantage de pouvoir tracer son histoire démographique dès son premier jour.

Wimereux est un lieu notable dans les annales de la biologie. Dès 1874, M. Alfred Giard, qui enseignait alors la zoologie à la Faculté des sciences de Lille, y commençait ses recherches sur la faune marine. Il les y poursuivit comme maître de conférences à l'École normale supérieur, puis comme professeur à la Sorbonne. Les travaux sortis de son laboratoire font époque dans la science. En opérant nous-même ce relevé des naissances humaines constatées dans la commune que notre éminent et regretté maître a illustrée, nous contribuons, dans la faible mesure de nos forces, à l'enquête qu'il y avait instituée sur toutes les manifestations de la vie.

Grâce à l'obligeance de la municipalité de Wimereux, nous avons pu consulter intégralement les registres des naissances de la commune, depuis la première de ces naissances, qui se place le 29 juin 1899, jusqu'au dernier jour de notre résidence, le 27 septembre 1910. Nous l'avons fait aussi pour les registres de décès, en raison des morts-nés. Pour les trois premières années, nous avons dépouillé nous-même les registres, dont les tables ne donnent pas à ces dates la décomposition des naissances en légitimes et en naturelles. Pour les années suivantes, nous avons suivi les tables, en les vérifiant par épreuves fréquentes.

D'une manière générale, nous avons trouvé ces registres très bien tenus. Nous n'y avons aperçu, en douze ans, que deux erreurs. L'une est une erreur de droit : pour un mort-né illégitime, on a indiqué le nom du père, sans le fait de celui-ci. L'autre est une erreur de relevé : la table du registre de 1909 donne deux fois une même naissance. Le soin avec lequel l'ensemble de ces registres est tenu nous a paru assez probant. Wimereux étant une commune moyenne, il est à penser que les choses se passent aussi bien ailleurs que chez elle. Cette constatation ajoutée à celles que nous avions recueillies de la bouche de démographes autorisés, a confirmé notre foi dans la valeur habituelle des registres de naissance français.

Quant aux résultats particuliers de nos investigations sur la commune de Wimereux, ils sont consignés dans le tableau ci-après (page 228).

Si peu étendue que soit cette série, elle permet néanmoins d'y reconnaître les traits essentiels de la masculinité française : excès de mâles important chez les nés-vivants, excès de mâles considérable chez les morts-nés. On y retrouve aussi la proportion ordinaire des morts-nés aux nés-vivants (un vingtième environ). On y constate une proportion relativement faible d'enfants illégitimes et, parmi ceux-ci, une proportion relativement forte de légitimations. Tout cela nous confirme dans l'idée que la commune de Wimereux est dans une condition démique normale. Quant à tirer de son étude un coefficient de masculinité, il faut, avant de pouvoir le faire utilement, attendre que par l'effet des années le total des naissances s'y soit considérablement élevé.

Années	Enfants nés vivants									Enfants morts-nés							Observations
	Légitimes		Reconnus par le père à la naissance		Naturels		Total par sexes		Total général	Légitimes		Naturels		Total par sexes		Total général	
	Garçons	Filles	Garçons	Filles	Garçons	Filles	Garçons	Filles		Garçons	Filles	Garçons	Filles	Garçons	Filles		
1899 (depuis le 29 juin)	8	8					8	8	16								
1900	28	13					28	13	41	1	1	2		3	1	4	6 jumeaux légitimes : 3 (G + F).
1901	14	15	1(a)			1	15	16	31			2		2		2	(a) légitimé postérieurement.
1902	24	15				2	24	17	41	1	1		1	1	2	3	2 jumeaux légitimes : G + F.
1903	17	18	1		1		19	18	37	1				1		1	2 légitimations
1904	15	22		1(b)	1	1	16	24	40	3				3		3	(b) légitimée postérieurement.
1905	19	20		1	2(c)		21	21	42	1				1		1	(c) dont 1 légitimé postérieurement.
1906	14	21		1(d)			14	22	36	1	1			1	1	2	(d) légitimée postérieurement.
1907	19	19			1(e)		20	19	39								(e) légitimée postérieurement.
1908	20	12			1		21	12	33								
1909	14	12				1	14	13	27	1	2			1	2	3	
1910 (jusqu'au 27 sept.)	13	13			1(f)	1	14	14	28	1	1			1	1	2	(f) reconnu trois mois après sa naissance.
Totaux.	205	188	2	3	7	6	214	197	411	10	6	4	1	14	7	21	

BIBLIOGRAPHIE

—

(Nous avons cru devoir n'inscrire ici que des ouvrages consultés
par nous personnellement et auxquels nous ayions reconnu
une véritable importance pour l'étude du sujet traité dans
le présent écrit. Beaucoup d'autres ont été cités occasionnellement dans les notes de nos divers chapitres).

1. Documents statistiques.

Annuaire statistique de la France, pour les années 1881 à 1900.
— 29 volumes.

Annuaire statistique de la ville de Paris, pour les années 1880 à
1909. — 30 volumes.

Bulletin du Conseil supérieur de statistique, sessions tenues de
1885 à 1908. — 10 volumes.

Résultats du recensement de la population française en 1901. —
5 volumes.

Résultats du recensement de la population française en 1906. —
3 volumes (en cours de publication).

Statistique annuelle du mouvement de la population française, pour
les années 1871 à 1906. — 36 volumes.

Statistique générale de l'Algérie, pour les années 1903 à 1908. —
6 volumes.

Statistique générale de Madagascar en 1907. — 1 volume.

Statistique de la population dans les colonies en 1906. — 1 volume.

Statistique internationale du mouvement de la population jusqu'en 1903. — 1 volume.

(Ces documents ont été décrits en détail dans notre chapitre II ; pour ceux qui concernent l'Algérie et les colonies, voir notre chapitre IX).

II. Ouvrages, mémoires et articles.

1875-76. — BERTILLON (Adolphe) père. — *Natalité, Morti-mortalité, Mortalité* ; articles parus dans le *Dictionnaire encyclopédique des sciences médicales,* dirigé par le Dr Dechambre. Paris, Masson.

1895. — BERTILLON (Jacques) fils. — *Cours élémentaire de statistique administrative.* Paris, Société d'éditions scientifiques, 1 volume in-8°.

1910. — BERTILLON (Jacques) fils. — *Des causes de l'abaissement de la natalité en France et des remèdes à y apporter* ; article paru dans la *Revue internationale de sociologie,* n° d'août-septembre 1910, Paris, Giard et Brière.

1910. — BUGNION (E.). — *Les cellules sexuelles et la détermination du sexe* ; mémoire paru dans le *Bulletin de la Société vaudoise des sciences naturelles,* vol. LXVI, n° 169, juin 1910.

1912. — CAULLERY (Maurice). — *Les problèmes de la sexualité* ; leçon d'ouverture du cours d'évolution des êtres organisés, parue dans la *Revue scientifique,* n° du 20 janvier 1912. (Nous avons suivi ce cours, professé à la Faculté des sciences de l'Université de Paris pendant le semestre d'hiver de l'année scolaire 1911-12, et en avons tiré grand parti pour le § I du chapitre premier de notre propre ouvrage. Nous souhaitons voir son auteur le publier bientôt intégralement.)

1903-09. — CAULLERY (Maurice) et MESNIL. (Félix). — *Revues annuelles de zoologie,* dans la *Revue générale des sciences,* tomes XIV à XX. Paris, Armand Colin.

1910-12. — CAULLERY (Maurice) et ses collaborateurs. — *Comptes-rendus des ouvrages récents sur la sexualité*, dans la *Bibliographia evolutionis*, publiée par le *Bulletin scientifique de la France et de la Belgique*, tomes XLIV ss. Paris, 3, rue d'Ulm.

1899. — CUÉNOT (L.). — *Sur la détermination des sexes chez les animaux*; mémoire paru dans le *Bulletin scientifique de la France et de la Belgique*, pages 462-535.

1871. — DARWIN (Charles). — *On the origine of man and sexual selection*, Londres. Traduction française par J. Moulinié; Paris, Reinwald, 2 volumes in-8°.

1897-1911. — DELAGE (Yves) et ses collaborateurs. — *Comptes-rendus des ouvrages sur la sexualité*, parus dans *L'Année biologique*. Paris, Le Soudier, 13 volumes.

1889. — GEDDES (Patrick) et THOMSON (Arthur). — *The evolution of sex*. Londres. Traduction française par Henry de Varigny; Paris, Babé, 1892, 1 volume in-12.

1908. — GINI (Corrado). — *Il sesso del punto de visto statistico*. Milano, Sandron, 1 volume in-8°.

1908. — GRÜNSPAN (Arthur). — *Zur Frage des Geschlechtsverhaelt-nisses der Geborenen*. Berlin, Falck, 1 volume grand in-8°.

1907. — HOUSSAY (Frédéric). — *Etudes sur six générations de poules carnivores*; mémoire paru dans les *Archives de zoologie expérimentale*, IV° série, tome VI, page 137 à 332.

1899. — LE DANTEC (Félix). — *L'hérédité du sexe*; mémoire inséré dans les *Miscellanées biologiques* offertes au professeur Alfred Giard, pages 366-389. Paris, 3, rue d'Ulm.

1899. — LE DANTEC (Félix). — *La sexualité*. Paris, Carré et Naud, 1 vol. in-18.

1903. — LE DANTEC (Félix). — *Traité de biologie*. Paris, Alcan, 1 vol. grand in-8°.

1889-92. — LEVASSEUR (Emile). — *La population française*. Paris, Arthur Rousseau, 3 volumes grand in-8°.

1901. — LOISEL (Gustave). — *Le problème du déterminisme sexuel*; deux articles parus dans la *Revue des idées*, n° des 15 décembre 1901 et 15 janvier 1905.

1909. — MARCH (Lucien). — *La distribution des sexes parmi les enfants consécutifs d'une même mère*; communication faite à l'Institut international de statistique, en juillet 1909, et imprimée pour le Bulletin de cet Institut.

1911. — MARCH (Lucien). — *Sur les conditions démographiques générales des familles de fonctionnaires* ; rapport présenté au Conseil supérieur de statistique en mars 1912 et imprimé le 22 février 1911 pour le Bulletin de ce Conseil.

1835. — QUETELET (Adolphe). — *Sur l'homme et le développement de ses facultés, ou essai de physique sociale*. Paris, Bachelier, 2 volumes in-8°.

1906. — WOOD (Frederick Adams). — *The non-inheritance of sex in man* ; article inséré dans la Revue *Biometrika*, tome V, p. 73 s.

TABLE DES MATIÈRES

LA SEXUALITÉ DANS LES NAISSANCES FRANÇAISES·

PREMIÈRE PARTIE

Le problème et les données

DEUXIÈME PARTIE

La loi fondamentale.

TROISIÈME PARTIE
Les lois dérivées.

QUATRIÈME PARTIE
Les diverses influences.

SAINT-AMAND (CHER). — IMPRIMERIE BUSSIÈRE